세계의 군복

사카모토 아키라 |지음   진정숙 |옮김

이 세상에는 수많은 종류의 제복이 존재한다 .
하지만 그 중에서도 군장 (밀리터리 유니폼) 만큼
형태와 기능의 융합을 추구한 디자인은 없을 것이다 .
또한 군장은 각 군의 개성이나 시대 상황을 나타내는 것이기도 하다 .
제 2 차 세계대전에서 현대에 이르기까지 ,
각국의 전투복 · 예복 · 개인장비에서 계급장 · 훈장 등 ,
군장만이 지닌 독특한 매력을 느껴보도록 하자 !

[제1장]
육군

"GROUND FORCES"

제 1 장

육군

「육군」이란 군대의 기본으로, 역사적으로는 군대 = 육군이라 인식되던 시대도 있었다.
인류의 전쟁 무대가 바다로 하늘로 크게 확장된
현대에도 지상전이 주 임무인 육군의 존재감은 흔들림이 없으며,
어떤 차량이나 통신이 발달해도 보병의 중요성은 변하지 않는다.
긴 역사를 가진 육군은 그 군장에서도 각국의 독자성이 강하게 느껴진다.
제 1 장에서는 제 2 차 세계대전에서 21 세기의 최신장비에 이르는
각국 육군과 해병대의 군복과 장구류에 대하여 상세히 설명하고자 한다.

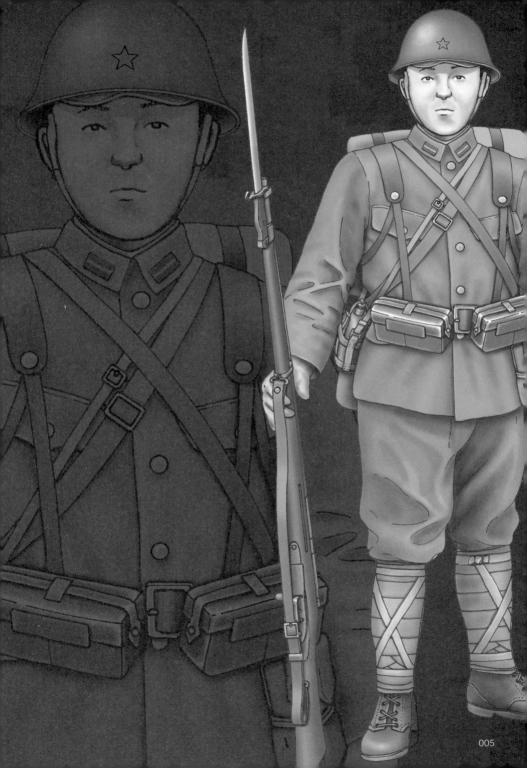

미합중국 육군

미합중국 육군은 상비군·예비군·주 방위군으로 구성되며 약 80만 명의 장병이 소속되어 있다. 제복(서비스 유니폼/근무복)에는 아미 그린 유니폼, 아미 화이트 유니폼, 아미 블루 유니폼이 있다.

2000년대에 들어서 경비 삭감 및 장병의 경제적 부담을 경감시키기 위해서 육군은 제복의 간소화를 추구하여 2014년에 아미 화이트 유니폼을, 그리고 2015년에는 아미 그린 유니폼을 폐지했다. 지금은 아미 블루 유니폼만 남아 있고 블루 아미 서비스 유니폼ASU, Army Service Uniform를 행사 및 보통 근무복으로 사용하고 있다. 검정 나비넥타이를 달고 훈장을 패용하면 의례용 정복이 되며, 보통의 검은 타이와 약장을 달면 근무복으로 사용하는 식으로 기본 복장을 바꾸지 않고도 상황에 맞게 사용할 수 있다.

아미 블루 서비스 유니폼

일러스트는 아미 블루 서비스 유니폼을 착용한 남성 장교(대위)와 여성 장교(중위). 기본적으로 병과 휘장은 제복의 칼라에, 훈장·약장 및 각종자격 휘장은 왼쪽 가슴에, 부대 표창이나 외국군의 자격장, 기념장 등은 오른쪽 가슴에, 각종 탭과 부대 휘장은 왼쪽 팔에 각각 부착한다. ❶남성 장교용 정모(모자 띠 부분은 금색과 보병을 나타내는 하늘색의 줄무늬, 턱끈은 금색. 소령 이상은 차양에 떡갈나무 잎을 디자인한 장식이 붙는다), ❷제복 상의(칼라 모양은 피크드 라펠, 앞여밈 단추가 한줄, 양팔에 플랩 붙은 패치 포켓, 양 허리 부분에 플랩이 붙은 포켓의 4버튼 방식으로, 검정 재킷. 속에는 흰 와이셔츠와 검은 타이를 착용한다), ❸바지(짙은 남색으로 양 사이드에 금색의 띠가 붙어 있다), ❹검정 가죽 옥스퍼드 부츠, ❺여성 장교용 정모(여성용 정모에도 병과색은 붙지 않는다), ❻제복 상의(칼라 모양은 필 칼라, 앞여밈 단추가 한줄, 프린세스 라인과 옆 다트를 조합한 검은 재킷. 양 허리 부분에 플랩이 붙은 슬랜트(경사 포켓)가 붙었다. 재킷 속에는 흰 블라우스와 검은 리본을 착용한다), ❼검은 스커트(여성은 슬랙스 착용도 가능), ❽검은 펌프스.

ⓐ계급장(대위), ⓑUS 금장 ⓒ병과 휘장(보병), ⓓ부대 표창, ⓔ명찰, ⓕ부대 휘장, ⓖ선행장, ⓗ공수강하휘장, ⓘ패스파인더 휘장, ⓙ약장, ⓚ보병전투휘장, ⓛ암 밴드(금선 사이가 병과색으로 돼 있다). ⓜ계급장(중위), ⓝ병과 휘장(항공), ⓞ조종사 휘장

미합중국 육군의 계급장

베레와 구형 그린 유니폼을 착용한 육군 장교. 일반 대원용인 검은 베레에는 육군 플래시(청색의 대지 가장자리에 여러 개의 별을 배치한 디자인의 휘장)를 꿰매 붙여서 거기에 장교는 계급장, 부사관·병은 부대휘장을 붙인다. 그린베레나 공수부대용 베레도 휘장류의 착용법은 같다.

미합중국 육군의 병과 휘장

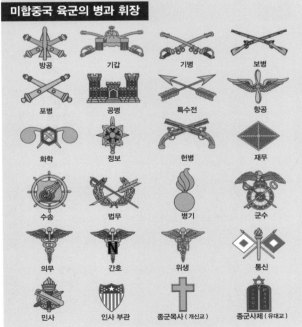

전투보병휘장

실전에서 전공을 세운 보병 장병에게 수여. 수여조건에 따라 4종류가 있다

조종사휘장

소정의 항공기 조종 훈련을 받고 조종자격을 획득한 장병에게 수여. 조종경험에 따라 3종류가 있다

공수강하휘장

소정의 낙하산 강하 훈련을 받고 강하자격을 딴 장병에게 수여. 강하경험에 따라 3종류가 있다

패스파인더휘장

작전지역에 선행 강하하여 은밀 정찰이나 전술정보 수집, 후속 아군부대 유도 등의 임무에 종사하는 훈련을 받고 자격을 딴 장병에게 수여

전투활동휘장

전투보병 휘장 수여 대상이 되지 않는 보병 이외의 병사도 포함해서 적과의 전투에서 전공을 올린 자에게 수여된다. 수여조건에 따라 4종류가 있다

가장 많은 실전경험을 쌓은 육군의 전투복

전투복은 전투나 작업 시에 착용하는 옷으로 오늘날은 위장복이 일반적이다. 현재 미합중국 육군의 위장전투복은 ACUarmy Combat Uniform로, 1980년대부터 사용되던 BDUBattle Dress Unifirm의 후속이다. 2004년에 채용된 첫 ACU는 컴퓨터 설계에 따른 디지털 위장 패턴(황토색 바탕에 두 가지 채도의 녹색 도트가 들어감)인 UCPUniversal Camouflage Pattern이었다.

하지만 2001년에 시작된 아프가니스탄 분쟁의 실전 경험을 통해 UCP는 그다지 효과가 없다는 것이 판명. 2010년에는 새로운 OCPOperation Enduring Freedom Camouflage Pattern, 항구적 자유 작전 위장 패턴이 시험적으로 채용됐다. 2014년에 미합중국 육군은 이 패턴을 OCP Operational Camouflage Pattern이라는 이름으로 제식 채용. 2015년부터 ACU의 위장색은 OCP로 통일됐지만 예산 등의 관계로 현재(2016년도 상반기 기준)도 일부 부대에서는 UCP를 사용하고 있는 중이다.

가슴과 배 부분이 메쉬로 돼 있다.

지퍼 개폐식 패치 포켓

ACS 및 ACP

사막이나 열대지등 고온다습한 환경에서 방탄복을 착용하면 병사에게 큰 부담(열 피로)을 준다. 그래서 방탄복 밑에 기존 전투복 대신 통기성·흡습성·속건성이 높은 소재의 셔츠를 입는 방법이 고안됐다. ACSArmy Combat Shirts와 ACPArmy Combat Pants가 그것으로 2007년부터 지급이 시작됐다. ACS의 주재료는 면과 레이온이고 거기에 스판덱스와 폴리에스터를 더해 만들어졌다. ACP는 무릎 패드(고무 같은 탄성을 가진 소재로 만들어진 보호구)를 바지에 짜 넣은 것이 특징으로 일러스트와 같이 바지의 무릎부분에 열린 구멍으로 무릎 패드를 삽입, 벨크로를 이용하여 고정한다. ACP의 후면에는 플랩이 붙은 뒷주머니가 2개 붙어 있다.

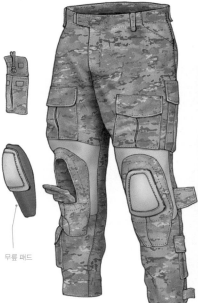

무릎 패드

[오른쪽]1981년에 채용된 우드랜드 패턴의 BDU(제식명칭은 M81 BDU)은 미합중국 육해공군과 해병대에서 2005년까지 사용됐다. 사진은 BDU를 착용한 공군의 군견병.
[왼쪽]ACS 와 ACP 를 착용한 레인저대원. ACP 는 ACU 바지에 비해 가격이 높아서 인지 특수부대나 레인저 등에서 사용되고 있다.

　　*벨크로=정식명칭은 후크 앤드 루프

ACU(Army Combat Uniform)

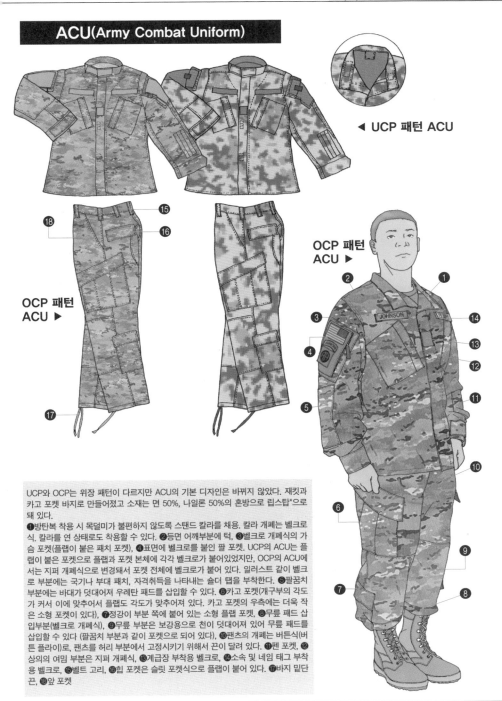

◀ UCP 패턴 ACU

OCP 패턴
ACU ▶

OCP 패턴
ACU ▶

UCP와 OCP는 위장 패턴이 다르지만 ACU의 기본 디자인은 바뀌지 않았다. 재킷과 카고 포켓 바지로 만들어졌고 소재는 면 50%, 나일론 50%의 혼방으로 립스탑*으로 돼 있다.

❶방탄복 착용 시 목덜미가 불편하지 않도록 스탠드 칼라를 채용. 칼라 개폐는 벨크로 식. 칼라를 연 상태로도 착용할 수 있다. ❷등면 어깨부분에 턱, ❸벨크로 개폐식의 가 슴 포켓(플랩이 붙은 패치 포켓), ❹표면에 벨크로를 붙인 팔 포켓. UCP의 ACU는 플 랩이 붙은 포켓으로 플랩과 포켓 본체에 각각 벨크로가 붙어있었지만, OCP의 ACU에 서는 지퍼 개폐식으로 변경돼서 포켓 전체에 벨크로가 붙어 있다. 일러스트 같이 벨크 로 부분에는 국가나 부대 패치, 자격취득을 나타내는 숄더 탭을 부착한다. ❺팔꿈치 부분에는 바대가 덧대어져 우레탄 패드를 삽입할 수 있다. ❻카고 포켓(개구부의 각도 가 커서 이에 맞추어서 플랩도 각도를 맞추어져 있다. 카고 포켓의 우측에는 더욱 작 은 소형 포켓이 있다). ❼정강이 부분 쪽에 붙어 있는 소형 플랩 포켓, ❽무릎 패드 삽 입부분(벨크로 개폐식), ❾무릎 부분은 보강용으로 천이 덧대어져 있어 무릎 패드를 삽입할 수 있다 (팔꿈치 부분과 같이 포켓으로 되어 있다). ❿팬츠의 개폐는 버튼식(버 튼 플라이)로, 팬츠를 허리 부분에서 고정시키기 위해서 끈이 달려 있다. ⓫펜 포켓, ⓬ 상의의 여밈 부분은 지퍼 개폐식, ⓭계급장 부착용 벨크로, ⓮소속 및 네임 태그 부착 용 벨크로, ⓯벨트 고리, ⓰힙 포켓은 슬릿 포켓식으로 플랩이 붙어 있다. ⓱바지 밑단 끈, ⓲앞 포켓

21세기의 표준이 된 개인장비

1990년대 후반부터 2000년대 초에 걸쳐서 미군의 개인 장비는 크게 진화했다. 제2차 세계대전 후 개인 장비는 M1956LCE, ALICE, IIFS, MOLLE로 갱신되어 왔다. 그 사이 베트남 전쟁, 그레나다 침공, 파나마 침공, 걸프전쟁, 소말리아 파병, 아프가니스탄 전쟁, 이라크 전쟁 등 수많은 전쟁과 분쟁에서 싸웠던 경험을 살려서 다른 병기처럼 개인 장비에도 개량을 거듭해 왔던 것이다.

PALS라 불리는 장비 부착 시스템을 사용한 MOLLE 시스템은 1990년대에 개발되어 1997년부터 본격적으로 도입됐다. 이로서 PALS는 현재 개인 장비의 주류가 됐다.

어태치먼트 시스템 ▶

1990년대 말에 미군의 신형 개인 장비 휴대 시스템으로 제식채용된 것이 바로 사진의 MOLLE시스템이다. 가장 획기적이라 평가받는 점이라면 웨빙 테이프를 끼워서 장비류를 장착하는 PALSPouch Attachment Ladder System이 사용된 점인데, MOLLE에서는 장비를 장착하는 전용 베스트도 준비되어 있었지만 인터셉터 같이 웨빙 테이프가 달린 방탄복이 등장하자 대부분의 병사는 파우치 등의 장비품을 방탄복에 직접 장착하여 휴대하게 되었다. 이후 방탄복 뿐 만이 아니라 전술조끼나 배낭 등 다양한 장비에 웨빙 테이프가 부착되었다. 다른 여러 나라에서도 PALS와 규격은 조금씩 다르지만 거의 비슷한 장비를 채용하고 있다.

어깨 및 상완부분 보호구

▼ PALS

전면

후면

파우치

방탄복 본체

MATTHEWS

서혜부 보호구

장착용 스트랩 : 플랫폼의 나일론 웨빙에 넣어서 파우치를 고정하는 테이프

고정용 웨빙 : 나일론 웨빙으로 넣은 후 스트랩을 넣어서 스냅으로 고정하는

나일론 웨빙 : 플랫폼에는 폭 1인치 2.5cm 의 웨빙 테이프가 상하 1인치 간격으로 꿰매져 있다.

플랫폼 본체

장착된 파우치

◀ 인터셉터 방탄복

미합중국 육군이 2000년대 초까지 사용해온 방탄복으로 방탄섬유 케블라제 베스트의 전면과 후면에 세라믹의 추가 장갑을 삽입해서 항탄력을 향상시킨 방식(이것이 그 이후의 방탄복의 표준이 됐다). 방탄복의 표면에는 웨빙 테이프가 다수 꿰매어져서 MOLLE시스템의 각종 파우치류를 부착하여 휴대할 수 있다. 또한 방탄복의 방탄성능에는 기한이 있는데 인터셉터는 3년 정도면 열화되어 버린다.

*MOLLE=Modular Lightweight Load-carrying Equipment의 머리글자 경량 규격화된 각종 장비 휴대시스템

◀미합중국 육군 보병장비
(2000 년대 후반)

일러스트는 UCP위장의 ACU(전투복)과 장비를 착용한 공수부대원. 2004년에 채용된 UCP는 컴퓨터 설계의 디지털 위장 패턴으로 여러 가지 자연환경이나 지형에 대응할 수 있으며 발견되어도 인상이 눈에 오래 남지 않는 것을 중시하여 개발되었다.

❶야간암시장치를 장착한 ACH헬멧(제3세대 야간투시경 AN/PVS-14를 마운트에 부착하여 장착. 달빛 밑에서 최대 100m 거리에서 웨폰 사이트로 사용가능), ❷인터셉터 방탄복, ❸휴대 무전기(주로 분대 내의 교신에 사용. 분대 내의 정보 공유나, 보다 확실한 지휘통솔에 도움이 됨), ❹탄창 파우치 등의 각종 파우치류(어태치먼트 시스템을 통해 방탄복에 장착), ❺M4A1 돌격소총(ⓐ에임 포인트와 ⓑAN/PEQ2를 장착. AN/PEQ2는 IR레이저/IR일루미네이터로, 적외선 레이저의 조사로 암시장치를 장착한 채 조준할 수 있다. 레이저는 불가시여서 적에게 발견되기 어렵다), ❻M9 권총과 택티컬 홀스터, ❼무릎 패드, ❽전투화, ❾ACU 바지, ❿ACU재킷

ACH 헬멧

2000년대에 들어서 미군에는 보병 개인에게까지 소형무전기가 보급됐다. 그 때문에 헤드셋을 착용한 채 쓸 수 있는 MICH가 개발 됐다. MICH는 특수부대나 레인저 부대에서 먼저 사용됐고 머지않아 ACHArmy Combat Helmet이라는 이름으로 육군이 제식채용했다. 권총 탄환의 충격에서 머리를 보호할 수 있지만 소총탄은 막을 수 없다. ACH는 후두부를 방호하는 부분이 적기 때문에 부착식 ⓐ네이프 패드Nape Pad, 후두부 보호구가 개발 됐다.

진화하는 미합중국 육군의 개인 장비

현대전은 제1차/제2차 세계대전 때와 같이 기초훈련을 받은 병사에게 총을 쥐어주고 머릿수만 채워지면 싸울 수 있는 것이 아니다. 지금의 군대는 많은 돈과 시간을 들여서 고도의 훈련을 받은 병사를 한 사람 한 사람씩 양성하고 있다. 따라서 병사는 귀중한 재산이며 함부로 쓰고 버리는 소모품이 아니다.

미합중국 육군은 병사의 생존성을 좌우하는 개인장비품의 연구개발과 개량에 힘을 쏟고 항상 최신기술을 도입하여 세계의 군사 트렌드를 선도하고 있다. 그 대표적인 예가 방탄복이다.

2007년에 미합중국 육군이 채용한 IOTVImproved Outer Tactical Vest, 개량형 외부 전술 조끼는 장착시 보호구나 삽입식 방탄판이 함탄 능력을 향상시키는 모듈식 방탄복으로, 인터셉터 방탄복의 몸체 양측 부분의 방호력 개선을 위해서 개발됐다. 허리 부분으로도 중량을 분산시키도록 설계되어 종래형 방탄복 같이 어깨에 부담이 집중되지 않는다. 또 퀵 릴리즈 기능 덕분에 부상당했을 때는 간단히 벗길 수도 있다.

모듈식 방탄복 IOTV

▼ IOTV Gen1(제1세대)

❶방탄 칼라 ❷퀵 릴리즈 핸들, ❸상완부 방호 보호구, ❹웨빙 테이프, ❺사이드 윙 어셈블리, ❻프론트 액세스 패널 플랩, ❼프론트 캐리어, ❽강화형 삽입식 세라믹 아머, ❾서혜부 방호 보호구, ❿안쪽 밴드, ⓫하부 백 캐리어, ⓬추가 장갑 사이드 플레이트 ⓭운반 손잡이

▼ IOTV Gen2(제2세대)

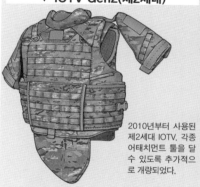

2010년부터 사용된 제2세대 IOTV. 각종 어태치먼트 툴을 달 수 있도록 추가적으로 개량되었다.

▼ IOTV Gen3(제3세대)

▶SPCS (솔저 플레이트 캐리어 시스템)

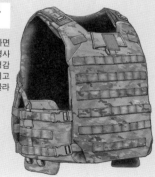

IOTV에 추가 장갑을 더해 완전장비하면 중량이 약 13.6kg이나 된다. 따라서 병사에게 부담을 주지 않기 위해서 중량경감을 시도한 모델로 2010년부터 사용되고 있다. IOTV와 SPCS는 상황에 맞게 골라 사용하게 된다.

2개의 패스텍스Fastex, 플라스틱제 물림쇠와 벨트로 사이드 윙 어셈블리와 프론트 캐리어 간의 고정을 하도록 개량되었다.

미합중국 육군보병 최신장비(2013년~)

OCP 위장 전투복 및 개인 장비를 착용한 2013년 이후의 미합중국 육군 보병 장교(대위). 아프가니스탄에서 ISAF International Security Assistance Force, 국제안보지원군 임무에 종사하는 병사의 장비.

❶ACH 헬멧 및 헬멧 커버, ❷암시장치 플레이트 어댑터, ❸ 수분 보급 시스템의 호스 부분, ❹M150 RCO(고도전투광학조준기), ❺IOTV Gen3, ❻M4E2 카빈, ❼전투용 장갑(난연성 노멕스 섬유나 케블라 섬유를 사용), ❽탄창 파우치(트리플 탄창 파우치 등 여러 개의 탄창 파우치를 IOTV의 프론트 액세스 패널에 장착하고 있다), ❾스트랩 커터(긴급 시에 하네스 등을 자르는 커터. 신형 구급상자 IFAK에 포함돼 있다), ❿무전기 핸드 마이크/ 스피커, ⓫ACU재킷, ⓬POG(외장식 고간 방호용 보호구), ⓭디저트 컴뱃 부츠(브랜드에 따라서 다르지만 본체 외피 부분은 가죽 및 코두라 나일론제. 내피는 투습성이 높은 소재가 사용된다), ⓮ACU팬츠(카고 포켓 팬츠), ⓯AN/PRC-154 라이플맨 라디오(Rifleman Radio: 차세대형 보병 휴대무전기), ⓰무전기 안테나, ⓱LED 라이트 어댑터, ⓲슈팅 글래스(항탄기능을 지닌 선글라스), ⓳GPS안테나, ⓐ계급장(대위), ⓑISAF 파우치, ⓒ레인저 부대 솔더 탭, ⓓ산악부대 솔더 탭, ⓔ제10산악사단 패치

▲ 라이플맨 라디오

시험운용중의 차세대형 보병휴대무전기(화살표가 안테나). 스마트 폰이나 태블릿과 접속해서 메일이나 위치정보 송수신 외에 문자·사진·동영상 등의 데이터 통신도 가능하다. 그 덕분에 소대전체로 네트워크를 구성하고 효율적인 전투가 이루어진다. 사용주파수 225~450MHz, 1250~1390MHz, 1755~18500, 교신거리 약 2km.

전투차량이나 헬리콥터의 승무원은 사고나 피탄 등으로 항상 화재의 위험을 안고 있다. 밀폐된 차내 및 기내에서 일단 화재가 일어나면 승무원은 긴급탈출을 해야 하는 경우가 많다. 그 때문에 승무원은 일반 병사와는 다른 전용 장비를 착용한다. 또 최근에는 승무원의 디지털화가 시도되고 있다.

전투차량 승무원용 장비

오른쪽 일러스트는 전차를 시작으로 하는 전투차량 승무원을 디지털화하기 위해서 개발된 마운든 솔저 시스템을 착용한 전차병. ❶CVCCombat Vehicle Crewmen 헬멧. 전투차량 승무원용 헬멧으로, ⓐ헤드셋과 충격완충 발포재가 내장된 포제 이너 헬멧과 내탄기능을 넣었다.ⓑ케블라제 헬멧 셸로 구성돼 있다. ❷HMDHelmet mounted Display시스템. 헬멧에는 HMD시스템이 장착 되어 있어서 오른쪽 목 부분의 ⓒ소형 디스플레이 장치에 동영상이나 지도 등 여러 가지 정보를 표시할 수 있다. 디스 플레이 장치 제어는 ⓓ컨트롤러로 한다. ❸SPCS. 셸 부분에 다층구조 케블라 섬유를 사용한 소프트 아머를 삽입하고 있다. 필요에 따라서 추가 장갑을 삽입해서 항탄 능력을 향상 할수 있다. ❹CVC커버올. 전투차량 탑승용의 내열·내화기능을 가진 커버올로 난연성의 메타계 아라미드 섬유제. 등 부분에는 긴급 시에 차량에서 착용자를 잡아 당겨 탈출시키기 위해서 추출식 손잡이가 부착돼 있다. 고온지역에서는 커버올 밑에 마이크로 클라이밋 쿨링 유니트의 냉각베스트를 착용한다. ⓔ유닛의 접속장치. ❺AN/PRC-148 멀티밴드 무전기. VHF무전기로 지대공 교신기능을 가지고 있다. ⓕPTT스위치 등과 함께 무선 통신 시스템을 구성한다. ❻탱커 부츠(전차병용 전투화). 차량에서 긴급탈출할 때 발이 끼거나 해서 부츠를 벗어야만 할 때 끈을 한 곳만 절단하면 간단하게 벗을 수 있다.

▶ 마이크로 클라이밋 쿨링 유니트

냉각수가 내부를 순환하는 냉각 조끼를 사용해 피부온도를 내리고 고도한 발한을 막아 인체 주요 부분의 혈액 순환을 정상으로 유지시키는 냉각 시스템. 고온다습한 환경 속에서 밀폐형 의류에 가까운 방호장비를 착용한 병사의 열피로 방지를 위해 개발됐다.

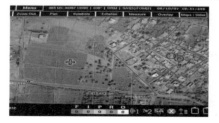

냉각베스트를 접속시킨 상태

냉각/순환장치(흐르는 물의 온도는 약22도)

수냉각/순환장치와 냉각베스트를 접속 시킨 상태

HMD에 투영된 동영상의 한 예. 각종 플랫폼의 정보가 투영된다.

헬기 승무원용 장비

왼쪽 일러스트는 UH-60 조종사 장비(기본적으로는 육군 헬기 승무원 공통 장비). ❶HGU-56P 헬멧. 바이저는 검은색과 투명이 각 1장씩 있는 듀얼 방식. CEP라 불리는 특수한 귀마개(일정의 소음이나 노이즈를 제거하는 한편, 기내에서 대화음을 증폭시켜 듣기 쉽게 하는 기능을 가진다)를 쓰고 헬멧을 착용, ⓐ암시장치 부착구. 쌍안식으로 시야가 넓은 ANVIS-9옴니버스Ⅲ&Ⅳ(비행 중 암시장치를 착용한 채 기외를 보거나 저광량의 조종석 계기나 액정 디스플레이를 읽을 수 있다)를 착용한다. ⓑ붐 마이크, ❷IABDUImproved Air Crew Battle Dress Uniform, 발전형 항공승무원 전투복 셔츠. 헬기 승무원용 전투복. 이른바 플라이트 슈트인데 커버올이 아닌 상하 분리식으로 ACU와 비슷한 디자인으로 되어 있다. 소재에는 내열난연성의 메타계 아라미드섬유가 사용됐다, ❸IABDU 바지. 왼쪽 허벅지 안쪽에는 슈라우드 커터를 넣는ⓔ포켓이 붙어 있다, ❹사막화, ❺PSCGPrimary Survival Gear Carrier, 생존 장비 수납부 ⓒASEKAircrew Survival Egress Knife: 항공승무원 생존 탈출 나이프, ⓓ 시그널 플랫폼 수납 파우치, ⓕ이젝트 스냅(PSCG에는 불시착 때 구난헬기의 호이스트장치로 착용자를 매달아 올리는 하네스가 들어가 있다. 그 하네스의 고정구), ⓖ호신용 M4 카빈의 탄창 파우치ⓗ호이스트 장치 설치용 카라비너, ⓘ응급처치 도구 등을 수납하는 파우치, ⓙUBD Underwater Breathing Device, 수중 호흡 장비를 수납하는 파우치

PSCG ▶

PSCG는 서바이벌 툴을 수납한 파우치류를 휴대하기 위한 캐리어(서바이벌 베스트의 일종)로, 메쉬로 된 베스트 위에 MOLLE 시스템의 패널을 장착한 것 같은 모양으로 돼 있다. 그 때문에 웨빙 테이프 항공 승무원 각자의 임무나 취향에 따라서 MOLLE 시스템의 각종 파우치를 장착 할 수 있다.

ASEK ▶

❶서바이벌 나이프
❷슈라우드 커터
❸수납 케이스

◀ UBD

해상에서 헬기가 불시착·침몰할 경우 승무원이 기체에서 탈출하기 위한 산소 공급 장치.

시그널 플랫폼 ▶

시그널 플랫폼에는 불시착 때 구출하러 온 아군에게 자신의 위치를 알리기 위한 도구가 수납돼 있다. ❶수납 케이스, ❷신호탄 발사기(신호탄이 장전되어있다), ❸시그널 미러, ❹휘슬, ❺스트로보 라이트, ❻나침반.

영국 육군

긴 역사를 이어받은 연합왕국의 육군

영국 육군은 평시에도 편제된 상비군과 예비부대 격인 국방의용군으로 크게 나뉘어진다. 현재 사용되고 있는 군복은 양군을 모두 합쳐 14종류인데 기본은 풀드레스, No.1 드레스, No.2 드레스 3종류. 공식적인 의식에서 착용하는 풀드레스는 역사가 오래된 근위사단, 왕립기병대, 왕립기마포병대의 장병, 및 각각의 부대를 구성하는 연대의 군악대가 착용하는 군복으로 디자인은 19세기부터 거의 바뀌지 않았다.

No.1 드레스는 1950년대 준정장으로 채용된 짙은 남색의 군복(블루 재킷이라 불리기도 한다)으로 풀드레스를 착용하지 않는 부대 장병의 정복이기도 하다. 그 때문에 20세기에 들어서 창설된 연대는 No.1 드레스가 정장이 되었다. 정복으로 사용할 때에는 훈장을 패용하는데, 세운 칼라, 싱글 버튼, 플랩이 붙은 파우치 포켓이 양쪽 가슴과 양 허리 부분에 붙은 재킷, 빨간줄이 들어간 테이퍼드 타입의 바지와 빨간 띠를 두른 정모, 검은 가죽제 단화로 구성된다.

부사관·병용의 No.1드레스. 장교용과 기본 디자인은 다르지 않지만 흰 벨트를 하고 검은 애모 부츠 Ammo Boots를 신는다. 연대에 따라서는 독자적인 No.1 드레스를 착용하는 경우가 있다.

영국 육군의 계급장

일러스트는 주로 No.2 드레스에 부착하는 계급장. 하사 미만의 병은 계급장이 없다.

원수	대장	중장	소장	준장	대령

중령	소령	대위	중위	소위	사관후보생

연대주임준위	대대주임준위	중대주임준위	원사	상사	중사	하사

계급 약장

계급 약장은 전투복 등에 부착하기에 저시인성 색상으로 되어 있다.

준장	대령	중령	소령	대위	중위	소위

연대주임준위	대대주임준위	중대주임준위	원사	상사	중사	하사

풀 드레스

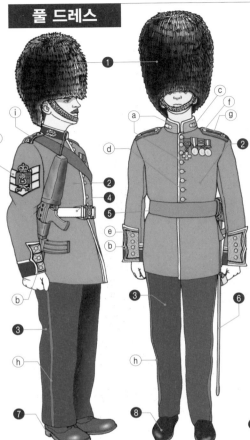

세계에서 가장 유명한 군복 가운데 하나!

일러스트는 육군 근위 사단 휘하의 보병연대인 스콧 가드의 부사관(상사·왼쪽)와 근위 보병 제1연대Grenadier Guards의 장교(소령·오른쪽). ❶베어스킨 햇의 정모, ❷붉은색 세운 옷깃 방식의 튜닉과 ❸질은 남색의 슬랙스의 조합. 베어스킨 햇은 장교용은 캐나다산 브라운 베어, 부사관 및 병용은 캐나다산 블랙 베어의 모피가 사용되고 연대에 따라서는 깃털 장식이 붙는다. 튜닉은 싱글 버튼식의 상의로, 세운 칼라 테두리 및 여밈의 아웃라인에@흰 파이핑이 들어가며 소매에ⓑ금실 자수의 소매 장식이 붙는다. 세운 칼라 부분에ⓒ연대의 휘장, @여밈 버튼과@소매 장식의 버튼, ①테두리에 금자수를 붙인 건장의 버튼과@계급장(부사관·병은①연대휘장. ①계급장은 팔에 붙인다)은 각각의 연대 독자의 것을 부착. 세운 칼라나 소매 장식의 디자인, 버튼의 수나 배열도 다르다. 또 같은 연대라도 장교, 부사관 및 병에서는 다르고 앞에서 말한 튜닉은 금실 자수가 많이 사용된 호화로운 모양이다. 슬랙스는 테이퍼드 타입의 라인으로 돼 있고 양측부분에는ⓗ빨간 측선이 들어간다. 측선의 굵기는 장교용이 굵고, 부사관·병용은 가늘다. 또 부사관·병은 ④흰 가죽 벨트를 착용하지만 장교는❺웨이스트 섀시를 두른다. ❻사벨을 패도. 신발은 부사관·병이❼애모 부츠, 장교는❽ 첼시 부츠를 신는다.

장교용 계급장   **연대 문장이 들어간 버튼**

No.2 드레스

일상 근무 때 입는 근무복(서비스 드레스)

일러스트는 No.2 드레스를 착용한 근위기병연대 라이프 가즈의 남성장교(소령·우)와 왕립 전자·기계기술부대의 여성 장교. No.2 드레스는 테일러 칼라형으로 양 가슴과 양 허리 부분에 플랩이 붙은 파우치 포켓이 붙었다. ❶재킷(여성용은 가슴 포켓이 없다)와❷트라우저스trousers, 여성용은 스커트, ❸와이셔츠와 타이, ❹단화, ❺제모, ❻갈색의 가죽 장갑으로 구성된다. 장교는 맞춤품, 부사관·병은 지급품으로 전자 쪽이 원단이나 버튼도 고급으로 잘 만들어져 있다. 또 남성 장교는 재킷 위에❼샘 브라운 벨트를 착용한다. 재킷의 칼라 부분에는@소속 연대의 휘장, ⓑ왼쪽 가슴에는 약장, 장교는 숄더 스트랩 부분에ⓒ금속제 계급장, 부사관 및 병은 포제자수의 계급 완장을 각각 부착한다. No.2 드레스도 여성용과 남성용은 옷 디자인이 다른데 장교라도 여성은 샘 브라운 벨트를 착용하지 않는다. 또 제모도 여성용은 크라운부의 형태가 남성용과 다르다. 장교용 정모의 차양에는 금색 장식이 붙는다.

현용 전투 개인장비

2000년대에 들어서 이라크나 아프가니스탄으로 파병되면서 영국군은 병사의 피복과 장비류의 갱신을 개시하고 2010년에는 새로운 위장패턴 MTPMulti-Terrain Pattern 가 채용됐다. 동시기에 미합중국 해병대의 MARPAT FROGFlame Resistant Organizational Gear, 난연성 작전 장비와 같은 디자인의 전투 셔츠가 도입되고, 2009년부터 채용된 오스프리 방탄복은 제4세대인 Mk.4로, 헬멧도 신형 Mk.7로 갱신되었다. 뒤에 PCS UBMCS라 불리는 전투 셔츠는 방탄복이나 장구류를 착용하는 동체부분에 쿨맥스(신축성·통기성·흡습성·속건성이 높은 신섬유)를 사용, 폭염에 전투장비를 착용한 병사의 열피로를 가급적 경감하도록 고안됐다.

▶ 보병의 전투장비

일러스트는 ISAF 임무에서 아프가니스탄에 파견된 로열 퓨질리어 연대Royal Regiment of Fusiliers의 저격수. ❶Mk.7헬멧, ❷보우먼 헤드셋, ❸통신 시스템 컨트롤 장치, ❹PRR단거리 무전기(대원끼리 교신 뿐만이 아니라 다른 분대나 소대와의 교신도 가능하다), ❺오스프리 Mk.4방탄복, ❻유틸리티 파우치, ❼PUG(전투복 팬츠 밑에 착용하는 하복부 방호시스템), ❽PCS 바지, ❾무릎 패드, ❿전투화, ⓫레그 파우치, ⓬L96A1저격총, ⓭PCS 셔츠, ⓮수분 보급 시스템, ⓯배낭(RPC-225 VHF무전기를 수납).

▼ 오스프리 Mk.4 방탄복

전면 방탄복 전면

후면 방탄복 후면

소프트 아머 패널로 구성된 아머 캐리어에 세라믹제 아머 플레트를 삽입하는 것으로 7.62mm탄의 직격에도 견딜 수 있는 항탄 능력을 지닌다. 아머 캐리어의 표면에는 웨빙 테이프가 붙어 있어서 PALS(장비품 장착 시스템)의 플랫폼이 된다.

PCS 신형 위장 전투복

1980년대부터 사용되었던 DPM* 위장 패턴을 대체하는 MTP는 크라이 프리시전 사가 개발한 「멀티 캠」과 닮았지만 독자적으로 개발된 위장 패턴으로 그라데이션을 사용해서 풀이나 나무를 연상하게 하는 기하학적인 모양으로 돼 있다. 2012년부터 보급이 시작된 PCS라 불리는 신형위장 전투복은 MTP의 위장 패턴으로 PCS UBACS(방탄복 밑에 착용하는 전투 셔츠), PCS 셔츠(면과 폴리에스터의 혼방제 상의으로 전투 바지와 함께 평시 근무복 대용도 된다), PCS 바지(코튼제의 전투 바지)로 구성된다. 그 특징은 (1)방탄복 착용 때 목둘레가 방해가 되지 않도록 만다린 칼라를 채용, (2)여밈을 벨크로 방식으로 하여 쉽게 탈착할 수 있으며, (3)양쪽 팔 부분에 대형 플랩 포켓이 붙었다(방탄복 착용 때 사용할 수 없는 가슴 부분 포켓은 슬릿식으로 변경), (4)방탄복 착용 때 내부에 땀이 차지 않도록 통기성이 높은 소재를 사용, (5)전투 팬츠의 카고 포켓의 각도가 변경된 점 등이 있다.

◀ PCS 를 착용한 여성 병사

일러스트는 MTP의 전투 스모크와 PCS바지를 착용한 왕립통신군단(상비군의 전투지원부대)의 여성병사. ❶베레(짙은 남색이며, 왕립통신군단의 휘장을 왼쪽 면에 붙인다), ❷MTP 위장 스모크(디자인은 PCS셔츠와 비슷하지만 기장이 조금 길고 양 사이드에 주름이 진 대형 플랩 포켓이 붙어 있다), ❸PCS바지, ❹전투화, ❺L85A2 돌격 소총, ⓐ오른쪽 팔의 플랩이 붙은 패치 포켓에 달린 왕립통신군단 플래시(부대식별장).

사진은 PCS UBACS 와 PCS 트라우저스를 착용한 로열 아이리쉬 연대의 병사. 연대 베레모를 쓰고 완부에 플랩이 붙은 패치 포켓에 연대를 나타내는 플래시를 부착하고 있다.

갱신이 진행 중인 개인 장비 시스템

　현재 영국 육군은 개인 장비 시스템으로 Mk.7 헬멧, PCS 위장전투복, POCE(개인 휴대장비)등을 사용하고 있다. 하지만 2000년대부터 실시된 ISAF 등의 경험에서 나타난 개인 장비 문제점과 장래를 예측해서 현행의 개인 장비 시스템을 사용하면서도 신형 도입을 시작하고 있다.

　「비르투스」라 불리는 이 시스템은 헬멧(안면방호용 바이저와 가드를 부착 가능), STV(스케일러블 택티컬 베스트), 중량 분산 시스템 등으로 구성된다.

신형개인장비 시스템 (비르투스)

[위] 비르투스의 ① 헬멧과 ②STV를 착용한 머션Mercian 연대의 병사. 헬멧에는 암시장치 부착부와 무게 균형추가 달려 있다. STV는 여러 가지 플레이트 캐리어 내부에 소프트 아머나 방탄판을 삽입, 방탄복의 기능을 부여할 수 있다.

STV와 조합해서 사용되는 중량분산시스템의 ①등뼈. STV의 등면에 설치된 이 장치는 착용하는 STV나 짊어진 백팩 같은 짐의 중량 일부를 ②힙 벨트로 전달해서 허리주위로 분산한다. 이것으로 상반신에 과도한 중량부하가 걸리지 않도록 병사의 피로를 감소시키는 것이다. 등뼈의 길이는 착용자의 몸에 맞추어서 ③푸시 버튼으로 조절 할 수 있다. 이 등뼈로 STV와 힙 벨트는 연결되어 있지만 격렬하게 움직이더라도 연결부가 움직임을 제한하지 않도록 만들어져 있다. (사진 : 영국 국방부)

버겐Bergen을 등에 메고 파우치류를 부착한 웨스트 벨트를 착용한 상태. 사진에서는 알기 어렵지만 착용한 STV의 등면과 바겐 사이에 중량분산 시스템인 「등뼈」가 있다. 병사가 휴대하는 장비류의 중량은 꽤 무거운 것이지만 차량 등을 사용하지 못하는 전장에서는 행군 만으로도 피로해 지기 쉽다. 그 부하를 경감하기 위해서 개발된 것이다.

*비르투스Virtus, 라틴어로 「남자다움」 또는 「용기」라는 의미. 개발사의 회사명이기도 하다.

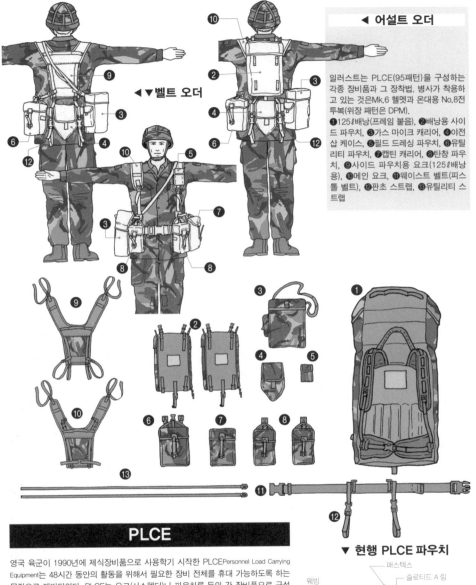

◀ 어설트 오더

일러스트는 PLCE(95패턴)을 구성하는 각종 장비품과 그 장착법. 병사가 착용하고 있는 것은Mk.6 헬멧과 온대용 No.8전투복(위장 패턴은 DPM). ❶125ℓ배낭(프레임 붙음), ❷배낭용 사이드 파우치, ❸가스 마이크 캐리어, ❹야전삽 케이스, ❺필드 드레싱 파우치, ❻유틸리티 파우치, ❼캡틴 캐리어, ❽탄창 파우치, ❾사이드 파우치용 요크(125ℓ배낭용), ❿메인 요크, ⓫웨이스트 벨트(피스톨 벨트), ⓬판초 스트랩, ⓭유틸리티 스트랩

◀▼벨트 오더

PLCE

영국 육군이 1990년에 제식장비품으로 사용학기 시작한 PLCEPersonnel Load Carrying Equipment는 48시간 동안의 활동을 위해서 필요한 장비 전체를 휴대 가능하도록 하는 목적으로 개발되었다. PLCE는 요크(서스펜더)나 파우치류 등의 각 장비품으로 구성되었으며, 패스텍스Fastex와 스트랩으로 고정하여 임무에 따라서 자유롭게 탈부착 가능하며 범용성이 높은 것도 특징. 90년에 지급된 것부터 후크 금속구의 강화나 위장무늬 채용 등 몇 번의 사소한 개량이 이루어 졌지만 기본적인 부분은 바뀌지 않고 현재도 사용되고 있다. 현행 POLE은 파우치류를 오스프리 방탄복에 직접 장착하여 휴대할 수 있도록 PALS와 같이 고정 스트랩을 사용한 부착 시스템도 붙어 있다.

▼ 현행 PLCE 파우치

패스텍스 / 슬로티드 A 링 / 웨빙 벨트 루프 / 웨빙 고정 스트랩

통합군의 지상부대에서 육군으로 개편된
캐나다 육군

영국과 프랑스의 식민지였던 캐나다는 1931년에 영국으로부터 실질적인 독립을 이루었다. 하지만 캐나다 헌법이 성립, 완전한 주권국가가 된 것은 1982년으로 캐나다는 오랜 세월 동안 영국의 영향을 받아왔다. 당연하지만 군 조직도 많건 적건 영국군의 영향을 받은 것이 사실이다. 특히 정복과 계급장등은 영국군과 비슷한 부분이 많다.

캐나다군의 큰 특징은 1968년에 육해공의 군권이 통합되어 통합군제를 취하고 있다는 점이다. 최고지휘관은 캐나다 국왕*이 임명한 캐나다 총독이지만 실제 지휘권을 가진 것은 수상이다. 군의 형태가 통합군이라고는 하지만 육해공의 병력을 하나의 군종으로 취급하는 것에는 무리가 있어서 실질적으로 지상군을 육군, 해상군을 해군, 항공군을 공군으로 설치했다(게다가 작전상의 통합작전군, 특수작전군도 있다). 현재 캐나다 군은 군종의 명칭이 예전대로 돌아갔으며 통합군 지상부대는 정식으로 캐나다 육군이 되었다.

캐나다 육군의 계급장 (견장)

영국 육군의 계급제도와 비슷해서 장교는 대장~소위, 준사관은 캐나다군 주임 준위~준위, 부사관은 상사~하사, 병은 일등병~이등병이다.

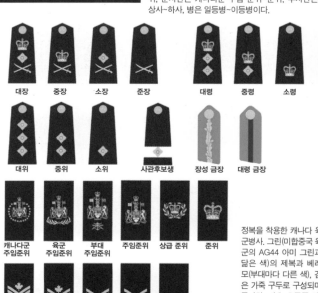

| 대장 | 중장 | 소장 | 준장 | 대령 | 중령 | 소령 |

| 대위 | 중위 | 소위 | 사관후보생 | 장성 금장 | 대령 금장 |

| 캐나다군 주임준위 | 육군 주임준위 | 부대 주임준위 | 주임준위 | 상급 준위 | 준위 |

| 상사 | 중사 | 하사 | 일등병 | 이등병 |

정복을 착용한 캐나다 육군병사. 그린(미합중국 육군의 AG44 아미 그린과 닮은 색)의 제복과 베레모(부대마다 다른 색), 검은 가죽 구두로 구성되며 준사관~병은 오른쪽 팔, 사관은 어깨에 계급장을 부착한다.

*캐나다 국왕=영국 연방 왕국에 속하는 캐나다의 군주는 영국 국왕이 겸임한다. 현재의 캐나다 국왕은 영국 여왕인 엘리자베스 2세이다.

CADPATCanadian Disruptive Pattern, 캐나다군용 위장 패턴위장 전투개인장비를 몸에 두른 캐나다 육군 보병(분대지휘관). CADPAT에는 삼림용, 사막용, 겨울/극한냉지용, 시가지용의 4종류의 패턴이 있다.
❶CG634 헬멧(PASGT 헬멧을 베이스로 개발된 케블라제 헬멧. 암시장치용 플랫 어댑터를 착용하고 있다), ❷보우만 헤드셋, ❸방탄복 M4100, ❹PRR 단거리 무전기, ❺ICU 재킷, ❻TAC베스트, ❼콜트 캐나다 C8A2 카빈소총 ❽ICU 팬츠, ❾전투화(현용은 검은색 가죽제이지만 이제부터 CADPAT 위장 전투화가 배치될 예정)

TAC 베스트 ▶

2003년에 채용된 보병용 택티컬 베스트. 각 파우치류는 벨크로와 패스텍스로 탈부착이 가능.
❶탄창 파우치, ❷지도/전투식량 포켓 ❸컴퍼스 파우치, ❹총검집, ❺플래쉬 라이트 파우치 ❻유틸리티 파우치, ❼수류탄 파우치 ❽캔틴(수통) 파우치

ICU ▶

캐나다군이 2012년에 채용한 ICU(개량형 전투복). CADPAT 패턴의 위장 전투복으로 소재는 면 52%, 폴리에스테르 48%의 혼방제로 립스탑 구조. ICU는 평화유지활동 등으로 해외로 파견 되는 병사들의 편리성을 고려해서 디자인 되어서 육해공군의 3군에서 사용된다.
❶차이나 칼라 채용, ❷완부 플랩 포켓, ❸계급장 부착부, ❹펜 포켓, ❺벨크로식의 소매 부분 조절 탭, ❻플랩 부착 전방 포켓, ❼플랩이 붙은 카고 포켓, ❽소형 플랩 포켓, ❾무릎패드 삽입부 패스너(무릎 부분 방호 패드를 삽입할 수 있다), ❿앞 지퍼 식의 여밈, ⓫플랩이 붙은 허리 포켓, ⓬패스너 개폐식의 가슴 포켓, ⓭감춤 버튼식의 여밈, ⓮팔꿈치 보강 바대, ⓯고무 조절식 허리 조임, ⓰벨트 고리, ⓱힙 포켓(플랩이 붙은 슬릿 포켓), ⓲엉덩이 보강 바대, ⓳벨크로식의 옷자락 부분 조절 탭

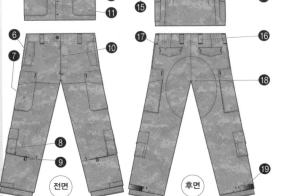

전면   후면

제2차 세계대전 초기, 유럽을 제압했던

독일 국방군 육군

▼국방군 장교(포병대위)

정모 독수리장
정모 휘장
국방군 휘장

정모의 파이핑은 병과
색으로 되어 있다.
국방군 장교 금장(포병)
국방군 견장
철십자장

독일 총통 아돌프 히틀러는 1935년 3월 베르사이유 조약을 파기와 재군비를 선언했다. 공화국군Reichswehr에서 국방군Wehrmacht으로 개칭된 독일군은 세계를 전란의 소용돌이 속으로 몰아넣은 제2차 세계대전을 일으켰다.

독일 국방군의 제복과 각종 휘장

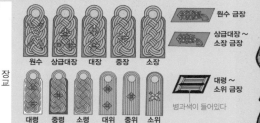

원수 금장

상급대장 ~
소장 금장

장교

원수　상급대장　대장　중장　소장

대령　중령　소령　대위　중위　소위
(보병)　(산악)　(기병)　(기갑·대전차)　(전문직)　(포병)

대령 ~
소위 금장

병과색이 들어있다

부사관 이상은 견장이 계급장이다. 견장의 대지 및 테두리는 보병·기갑·포병 등 병과별 색으로 해서 착용자의 소속을 나타낸다.

원사 ~
하사 금장

부사관

원사　상사　중사　상급하사　하사
　（장갑척탄병）（수의부대）（공병）（통신）

병과색이 들어 있다

상급병장 ~
이등병 견장

상급병장 ~ 이등병 금장

병

상급병장　병장　상등병　일등병

상등병 ~ 이등병은 왼쪽 팔에 붙인다.

장교용 제복은 얼핏 보면 부사관·병용 1936년형 제복과 닮았는데 예를 들면 소매부분이 내려간 커프스로 되어 있고 칼라가 높고 스마트하게 되어 있는 것과 벨트를 지지하는 혹이 붙어 있는 것 등의 외견적인 차이가 있다. 또 장교는 자비로 구입한 것을 착용하기 때문에 원단이나 봉제가 좋은 것을 선택해서 기호에 맞는 디자인을 반영할 수 있었다. 제복의 독수리 장이나 금장은 장교용의 경우 알루미늄 몰 자수(금장의 2개 띠 사이에는 병과색 선이 들어간다)였다.

국방군 부사관 (보병 상급 하사)

부사관 제복에는 칼라 테두리에 은 테이프를 붙였다. 1940 년 이후는 레이온으로 만든 그레이 테이프로 바뀌었다.

일러스트는 1940~41년경 독일군 상급하사. ❶1935년형 헬멧을 쓰고, ❷1936년형 제복(M36)의 상하의를 착용한 뒤에 ❸야전용 개인 장비를 착용한 제2차 대전 때의 독일 육군 보병의 전형적인 모습이다.

1936년형 제복은 짙은 녹색의 세운 칼라(초기에는 속 칼라가 붙었다)을 가진 필드그레이 색으로, 5버튼 복으로 프리츠가 붙은 4개의 플랩 포켓이 붙어있는 통상 군장의 야전복으로도 사용됐다. 그 때문에 제복의 허리 위치에는 앞쪽 및 뒤쪽에 각각 좌우 1곳 씩 벨트를 지지하는 훅(착탈가능)을 장착할 수 있도록 되어 있다. 제복의 바지는 밑단주름이 없는 슬랙스 형태로 좌우에 플랩이 없는 비스듬히 쭉 찢어진 포켓이 붙었다. 또한 등 부분에는 V자형의 주름이 있어서 거기에 붙은 버클 붙은 천 밴드로 허리 부분을 졸라맬 수 있었다.

하지만 전쟁이 이어지면서 1940년에는 칼라의 색이 필드 그레이로 바뀌고 1942년부터는 포켓의 주름이 없어지는 등 변경이 더해졌다. 머지않아 디자인을 간략화해서 생산성을 우선시킨 1943년형 제복(M43)을 사용하게 되었다. 재질도 M36은 울제품이었지만, 점차로 레이온의 혼방률이 높아지면서 품질이 하락했다.

부사관·병의 금장은 다크 그린의 원단에 은색의 실로 짠 것 또는 그레이의 견사로 직접 칼라에 꿰맨 것(40년 이후)이었다. 또 부사관은 칼라 둘레에 은색의 알루미늄 실(뒤에 그레이의 견사)의 녹색 붙임이 달렸다.

▼ 보병용 개인장비

1942년경까지 사용된 독일 육군보병의 여러 가지 개인장비(항상 이같은 장비 일체를 휴대하진 않고 보통은 필요한 장비만 휴대한다).

❶가스 케이프 수납 케이스(독가스가 공중 살포됐을 때 쓰는 방호용 시트인 가스 케이프를 넣는다. 가스 케이프는 독가스를 침투시키지 않는 가공이 되어 있고 크기는 약 2m×2m로 종이 제품과 천 제품이 있었다), ❷D링이 붙은 중장 서스펜더, ❸반합(뚜껑에 접이식의 손잡이가 있어서 프라이펜으로 사용 가능), ❹M1938 판초, ❺부사관·병용 벨트(벨트의 버클에는 「신은 우리와 함께」라는 글씨가 들어가 있다), ❻탄약 파우치(1개의 포켓에 7.92mm 소총탄 5발 클립을 2개 수납. 1개의 파우치에 30발 휴대), ❼M1938 수통(용량800cc), ❽M1931 잡낭, ❾가스 마스크 케이스, ❿총검, ⓫야전삽

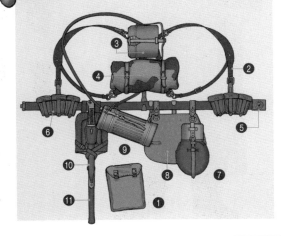

나치 친위대

나치 친위대(SS)는 아돌프 히틀러의 개인 호위부대에서 시작했다. SS 특무부대(뒤에 무장 SS를 구성하는 부대)와 경찰조직(SS의 지휘 하에 통합된 질서경찰 및 보안경찰), 일반 친위대의 3개 조직으로 구성되어 있었다.

친위대의 대원이 착용한 제복 중에서 가장 유명한 것이 검은 제복이다. 프로이센 왕국 시대의 근위경기병 연대의 제복을 모델로 했다고 하며 오픈 칼라식 재킷에 승마 바지(보통의 바지)의 구성이었다. 1938년에는 필드 그레이의 제복이 사용되었는데 검은 제복과 같은 오픈식의 디자인이었다.

SS정모(해골 휘장을 부착한 검정색 정모 장교는 은색 색실이 들어간 턱끈을 사용하며 크라운 부분에는 흰색 파이핑. 준장 이상은 은색 파이핑이 붙었다)

연대지휘관(SS 대령)이상은 양 칼라에 같은 계급장을 붙인다.

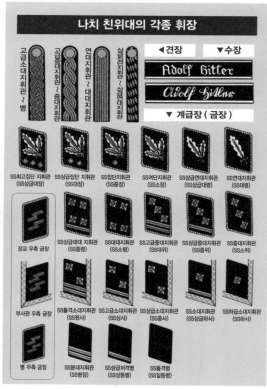

나치 친위대의 각종 휘장

◀견장   ▼수장

Adolf Hitler

Adolf Hitler

▼ 계급장 (금장)

SS최고집단 지휘관 (SS상급대장)

SS상급집단 지휘관 (SS대장)

SS집단지휘관 (SS중장)

SS여단지휘관 (SS소장)

SS상급연대지휘관 (SS상급대령)

SS연대지휘관 (SS대령)

장교 우측 금장

SS상급대대 지휘관 (SS중령)

SS대대지휘관 (SS소령)

SS고급중대지휘관 (SS대위)

SS상급중대지휘관 (SS중위)

SS중대지휘관 (SS소위)

부사관 우측 금장

SS돌격소대지휘관 (SS원사)

SS고급소대지휘관 (SS상사)

SS상급소대지휘관 (SS중사)

SS소대지휘관 (SS상급하사)

SS하급소대지휘관 (SS하사)

병 우측 금장

SS분대지휘관 (SS병장)

SS상급저격병 (SS상등병)

SS돌격병 (SS일등병)

◀ 퍼레이드용 예복(SS상급연대 지휘관이상)

일러스트는 장관급 장교의 퍼레이드용 제복의 하나로 정모와 검은색의 오버코트(외투)로 구성되었다(SS여단지휘관 계급장을 붙이고 있다). 코트 밑에는 정복을 착용했으며, 상급 연대 지휘관이상 계급의 코트는 위 칼라에 은색 파이핑(알루미늄 실을 꼬아 만든 파이핑)을 넣어서 밑 칼라와 여밈 단이 접히는 부분이 백지로 되어 있다. 코트는 장교(위 칼라에 은 파이핑이 붙었다), 부사관·병용이 있었지만 모두 옷자락 길이가 굉장히 긴 것이 특징. 또 정복의 경우와 마찬가지로 견장을 오른쪽 어깨만 부착했다. 견장은 계급을 4개 그룹으로 분류한 것.

나치 친위대는 독일 국방군이 아닌 히틀러와 나치당의 사병私兵이다. 1933년에 편제된 SS아돌프 히틀러 연대라는 이름의 경비대는 총통 관저나 대본영 등의 경비임무, SS수반경호대는 경호임무 및 의장임무를 맡았다. 뒤에 이 부대는 확장되어서 무장친위대Wafen SS 사단의 하나로 제2차 세계대전에 참전하게 된다.

연대 장병이 경호나 의장 임무 시에 착용한 제복은 1932년에 제정된 검은색 제복으로 친위대 제복으로 가장 유명한 것이다. 디자인은 장병공통으로 상의는 앞여밈 단추가 한 줄인 4개의 버튼, 흉부에 플랩이 붙은 패치포켓과 허리부분에 플랩이 붙은 포켓을 각각 2개씩 가진다. SS아돌프 히틀러 연대는 다른 SS대원과 구별하기 위해서 「아돌프 히틀러」 문자가 자수된 수장(커프 타이틀)을 제복 왼쪽 소매에 둘렀다. 바지는 승마 바지와 보통형 바지가 있었는데 상황에 맞추어서 사용됐다.

오른쪽 아래 일러스트는 장교 퍼레이드용 예복으로, 검정색 정복(근무복과 같은 것)의 상의에 승마바지를 착용, 박차를 단 긴 신발을 신었다. 상의 밑에는 카키색(또는 흰색)의 셔츠와 검은 타이를 착용하고 오른쪽 어깨부터 은색의 랜야드를 매달았다. 장교만 세이버를 허리에 찰 수 있다.

왼쪽 아래 일러스트는 부사관·병용 예복. 검은색 정복을 착용하고 정복 밑에는 흰 셔츠와 검은 타이, 1936년에 채용된 흰색의 개인장비를 착용하고 있다. 검은 정복을 입었을 경우에는 장교, 부사관·병 모두 왼쪽 팔에 나치당 완장을 붙였다.

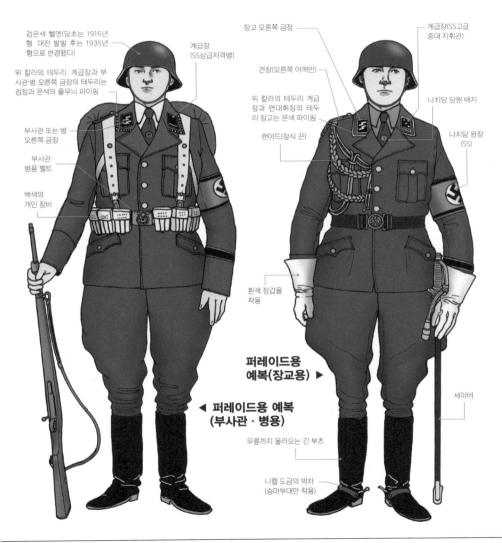

검은색 헬멧(당초는 1916년형 대전 발발 후는 1935년형으로 변경됐다)

위 칼라의 테두리, 계급장과 부사관병 오른쪽 금장의 테두리는 검정과 은색의 줄무늬 파이핑

부사관 또는 병 오른쪽 금장

부사관·병용 벨트

백색의 개인 장비

계급장 (SS상급저격병)

장교 오른쪽 금장

견장(오른쪽 어깨만)

위 칼라의 테두리 계급장과 연대휘장의 테두리 장교는 은색 파이핑

랜야드(장식 끈)

흰색 장갑을 착용

계급장(SS고급 중대 지휘관)

나치당 당원 배지

나치당 완장 (SS)

퍼레이드용 예복(장교용) ▶

◀ **퍼레이드용 예복 (부사관 · 병용)**

무릎까지 올라오는 긴 부츠

니켈 도금의 박차 (승마부대만 착용)

세이버

나치스 시대의 독일군 훈장

　나치스 독일이 제정하고 수여했던 훈장은 다수 존재하지만 크게 나누어서 철십자장, 전공장(전투훈장), 종군휘장(참가한 전투를 기념하는 휘장)인 3가지가 있었다.

　전군 공통인 철십자장(크게 나누면 기사십자장, 1급 철십자장, 2급 철십자장)은 독일 군인에게 있어서 최고의 훈장이었고 받기 위해서는 큰 전공을 올려야 하는 등 엄격한 조건이 뒤따랐다(다만 공군처럼 격추 대수라는 명확한 조건이 뒤따랐을 경우를 제외하고는 보통은 직속상관의 추천을 중요조건으로 하는 등 기준이 명확하진 않았다). 또 장교와 부사관·병 사이에는 확실한 구별이 있었고 같은 공적을 올려도 평가는 크게 달랐으며 받는 훈장도 달랐다. 게다가 받는 조건은 훈장에 따라서 달랐고 훈장의 등급이 높아질수록 조건은 엄격해졌다. 특히 기사십자장과 1급 철십자장 사이의 조건 차이가 컸기 때문에 1941년 9월에 독일 십자장이 제정 됐다.

　각군에 규정된 전공장은 기사십자장이나 철십자장 같이 눈에 띄는 공적을 올린 사람에게 수여되는 훈

장과는 달랐다. 기본적으로 구정 조건을 채운 장병이라면 누구라도 수여 받았다.

하지만 수훈조건은 꽤 세세하게 규정 되어 있어서, 보병돌격장의 경우 ❶3회 돌격에 참가, ❷3회 반격에 참가, ❸3회 정찰임무에 참가, ❹돌격에서 백병전에 참가한 보병을 수훈대상으로 하는 등, 세세한 조건이 정해져 있었다. 또한 보병 이외의 병과를 대상으로 하는 일반 돌격장은 보병돌격장과 기본 수훈 조건은 같았으나, 참가한 전투 회수에 따른 등급(25회, 50회, 75회, 100회)이 있었고 훈장에 각각의 회수가 기록됐다. 덧붙여서 백병전장 같이 병사가 참가한 백병전의 일수로 등급이 나뉘어진 전공장도 있었다 (금장이 50일, 은장이 30일, 동장이 15일).

군인의 훈장은 단순한 장식이 아니라 자신의 능력과 명예를 나타내는 증거로, 군대에서는 계급과는 별개로 훈장에 따른 존경과 특권이 따른다. 독일군 장병이 전투복에 까지 철십자장을 붙인 것은 그 나름대로의 의미가 있었던 것이다.

독일을 대표하는 훈장 "철십자장"

▼다이아몬드 백엽검 기사십자장

▼백엽검 기사 십자장

▼백엽 기사십자장

▼기사십자장

◀1급 철십자장 바 (1938년판)

◀1급 철십자장

▼2급 철십자장

독일 군인에게 주어진 훈장 중에서 최고 등급에 위치하는 훈장이 바로 철십자장이었다. 1813년 프로이센 왕 프리드리히 빌헬름 3세가 「전투에 따른 공적을 칭하는 훈장」으로 제정한 것이 시초로 이후 전쟁마다 제정 되고 있다. 1870년 프로이센·프랑스 전쟁판, 1914년의 제1차 대전판, 그리고 1939년 9월의 제2차 대전판, 1956에 전후판이 각각 제정되지만 훈장의 디자인 자체는 바뀌지 않고 십자 안에 들어가는 연도와 문양만이 다르다.
종래 철십자장은 1급 및 2급 뿐 이었지만 1939년에 제2차 대전판 제정(훈장 중앙에 갈고리 십자가 들어가고 연도가 1939로 개정됐다)과 함께 고위의 기사십자장이 새롭게 만들어지게 됐다. 또 전쟁이 길어짐에 따라서 일급, 이급 철십자장 및 기사십자장 3종류로는 대응할 수 없게 되어서 1940년 6월에는 「백엽」, 1941년 7월에는 「백엽검」 및 「다이아몬드 백엽검」, 1945년 1월에는 「황금다이아몬드 백엽검 기사십자장이 각각 제정되었다.

과거와의 결별을 선언한 새로운 군대
독일연방육군

독일 연방군은 독일 연방 공화국의 군대로, 육해공군인 3군 외에 합동구호군 Sanitätsdienst, 의료·위생업무를 담당, 전력기반군Streitkräftebasis, 연방군 전군의 지휘·통신·병참·헌병·교육 등의 업무를 담당으로 구성되어 있다. 현재 육군은 약 10만 명의 병력으로 독일 국토의 방위 및 NATO군의 일원으로 유럽의 방위를 담당하며 평화유지활동 등 국외임무에도 종사하고 있다. 근래에는 아프가니스탄의 ISAF로 미합중국에 이어 병력을 파견한 바가 있다. 독일은 2011년 7월까지 징병제*를 실시했으며, 18세 이상 남성은 6개월간 의무 복무를 해야 했다. 독일 연방군은 여성이 차지하는 비율도 높아서 전투지역으로의 배치에도 제한이 없을 정도이며, 군의 인원삭감을 시작으로 하는 군사지출 축소에도 적극적이어서 장비 갱신이 이루어지지 않은 분야도 있다.

▼공수부대 휘장

▼공수 자격장

◀계급장(야전용)

야전용 계급장은 다크그린 원단에 장관은 금색 실 자수. 사관은 은색실 자수. 부사관/병은 검은색 자수를 넣어서 전투복의 숄더 스트랩에 부착한다. 제복용 계급장과 디자인은 같다.

독일연방군의 계급에서 특징적인 것은 대위의 계급에 상급대위와 대위의 2종류가 있는 것. 또 여기에는 나와 있지 않지만 병의 계급에는 예를 들어서 같은 상등병이라도 일반 상등병 외에 하사후보생, 중사후보생, 사관후보생 등이 있어서 계급장에서도 구별하고 있다.

고정용 버튼

대지

금속제 계급장

병과색 테두리

육군 상급하사

육군 하사

육군 선임병장

육군 병장

육군 선임 상등병

육군 상등병

육군 일등병

육군 이등병

*징병제도=양심적 병역거부를 인정하고 있어, 군무 대신에 사회복무를 선택할 수도 있었다.

2015년, 독일 연방군은 창설 60주년을 맞이했었다(1955년 11월 창설. 1990년 10월에는 독일 통일로 재편). 사진은 기념 행사 당시 의장대의 모습. 착용하고 있는 제복은 다른 부대와 같은 것으로 라이트 그레이 재킷에 다크 그레이의 바지로 구성되어 있다. 재킷 밑에는 다크 그레이의 타이와 얇은 블루 와이셔츠를 착용한다. 부사관·병은 베레가 정모이며, 모자 왼쪽에는 부대휘장을 붙인다. 다른 부대와 다른 점은 흰색 샘브라운 벨트를 착용하는 것과 재킷 왼쪽 소매에 경비 대대의 암 밴드를 부착했다는 점이다.

독일 연방 육군의 제복

장교용 정모
(소령 이상은 차양에 은색 백엽 자수가 붙는다. 정모의 육군 휘장은 원단에 은색실 자수를 넣은 것 턱끈은 검정 가죽제품)

공수강하 자격장
(소정의 강하훈련을 받은 사람에게 주어지는 자격장. 공정부대에서는 필수 자격)

소속부대휘장
(착용자의 소속부대를 나타내는 휘장. 일러스트는 제26공정여단 휘하의 제260공정공병 중대)

서비스 배지
(연방군 복무기간을 나타내는 기장으로 근속 연수에 따라 색이 다르다)

금장
(대지의 색이 병종을 나타낸다. 일러스트의 녹색은 보병부대라는 뜻이다. 보병에는 강하엽병·산악엽병·엽병의 병과가 있다. 장갑척탄병이나 특수부대 대지 색은 녹색)

견장
(계급장 일러스트는 소좌로 계급장의 대지 주위에 병과를 나타내는 테두리가 들어가 있다)

약장
(착용자가 훈장이나 기장을 패용하기 않을 때에 상훈 경력을 나타내기 위해서 착용하는 리본. 이것을 보고 착용자의 경력을 알 수 있다)

여단 엠블렘
(착용자의 소속된 여단을 나타낸다. 일러스트는 특수작전 사단 휘하의 제26공정여단)

정복은 레귤러 타입의 칼라형. 앞여밈 단추가 한 줄인 모직 재킷으로 양 가슴과 양 허리 부분에 플랩이 붙은 패치 포켓이 붙어 있다. 색은 라이트 그레이로 디자인은 장교, 부사관, 병 모두 공통

독일 연방 육군의 계급장

계급장(제복용)▶

제복에 부착하는 견장형의 계급장(일러스트는 상급대위). 심이 들어간 천체 대지 위에 금속제 계급장을 부착한다. 그리고 대지 주위에는 병과 색 테두리가 이루어져 있다(장관은 빨간색과 금색의 이중 테두리가 붙는다).

공수
산악
엽병 (보병)
기갑척탄병
특수부대

포병

공병

전차병

NBC 방호부대

육군방공
포병부대

육군항공대
통신부대

통신부대

▲금장

병과는 전투를 담당하는 직종구분을 말한다. 독일연방군에서는 전투 그룹와 후방지원부대를 비슷한 부대끼리 집약시켜 색으로 구분했다. 금장은 제복 뒤 칼라에 부착시켜 착용자가 소속된 병과를 한눈에 식별 할 수 있도록 한 것.

2000년대가 되어서 변화된 전투복과 개인장비

독일 연방 육군의 위장이라면 플렉크타른Flecktarn 패턴이 유명하지만, 2000년대에 들어서 변화가 보인다. 항구적 자유작전*이나 ISAF에 독일 연방군도 참가하게 되면서 사막이나 산악 지대 등의 지형에 대응할 수 있는 3색 또는 5색의 트로피컬 플레크타른 패턴의 위장도 사용되었다. 그에 더해져서 개인장비도 그 때까지 쓰던 시스템 95에서 새로운 체스트 리그Chest Rig나 IDZ베스트 등으로 갱신도 진행되고 있다.

[왼쪽] 플레크타른 패턴의 전투복 상하의를 착용한 독일연방육군의 기갑척탄병(기계화 보병). 플레크타른은 더러움이나 얼룩으로 색이 바랜 것 같은 모양이 특징. 1990년대 초에 도입된 전투복 위장 패턴으로 유럽의 산림지대에서 위장효과는 특히 높다. 전투복 상하의모두 면과 폴리에스테르 혼방제. 상의는 양 가슴부분에 플랩 붙은 패치 포켓이 붙었고 앞여밈은 파스너와 스냅 버튼인 이중 잠금으로 되어 있다. 상의는 소매 입구를 벨크로로 고정하는 긴 소매로 왼쪽 팔 부분에 포켓, 양 어깨 부분의 숄더 스트랩에는 야전용 계급장을 부착한다. 바지는 5포켓식의 카고 팬츠.

[아래] 훈련 중인 독일연방군의 기계화보병. 오른쪽 병사는 플레크타른 패턴의 전투복에❶IDZ방탄복을 착용하고 있다. 헬멧과 방탄복 위에 장착한 것은 연습용인 ❷레이저 수신기. 손에 든 G36돌격소총의 총열 부분에는 ❸레이저 조사장치를 붙이고 있다. 오른쪽 병사가 플레크타른 패턴의 전투복에 착용한 것은 ❹IDZ 베스트. IDZ베스트는 독일판 선진보병장비 시스템의 하나로 모바일 통신 시스템이나 탄창 등 각종 장비를 휴대하기 위해서 개발되어서 2010년에 채용됐다. 보통은 IDZ 방탄복 위에 착용한다. IDZ란 「Infanterist der Zukunft, 미래의 보병」이란 의미.

◀ IDZ 베스트

IDZ베스트는 언뜻 보기에 미군의 MOLLE과 닮았지만 독자 규격의 모듈 시스템으로 되어 있다. 나일론 메쉬 베스트에 횡방향과 종방향으로 코듀라 나일론제의 웨빙 테이프를 다수 꿰매어서 파우치를 옆으로도 세워서도 부착할 수 있다. 앞여밈은 지퍼식. 일러스트는 파우치를 부착하지 않은 상태.

*항구적 자유 작전=9.11 테러 이후. 미합중국과 그 우방국이 전개하고 있는 대테러전쟁의 일환으로 실시된 군사작전.

▼ B-826 케블라 헬멧

케블라 섬유를 겹겹이 겹쳐서 수지 가공한 헬멧. 개발 제조는 슈베르트 헬멧사.

독일 연방 육군 ISAF 파견부대병사

일러스트는 ISAF로 아프가니스탄에 파견된 독일 연방 육군의 병사. 지형에 맞추어서 트로피칼 위장(사막위장)의 보병 전투 장비를 착용하고 있다. 아프간은 기온이 낮고 추워서 방한장비로 되어 있다.
❶B-826 케블라 헬멧(ISAF로 파견 된 부대에서는 헬멧에 위장 커버를 덮는 것이 아니라 다크 옐로 바탕 색 위에 그린과 브라운의 반점을 페인트로 칠한 것을 사용), ❷슈팅 글라스, ❸체스트리그(ⓐ복부는 G36의 탄창 파우치, ⓑ사이드 부분은 파스너 개폐식 다목적 파우치, ⓒ흉부 뒤쪽은 방탄판을 삽입한 포켓으로 되어 있다. 웨빙 테이프를 끼워서 ⓓ수류탄 파우치와ⓔ탄창 파우치를 붙이고 있다), ❹방한용 재킷(3색의 트로피칼 플레크타른 패턴의 재킷. 앞여밈이 파스너/버튼식의 재킷으로 흉부와 복부 양 사이드에 버튼 개폐식의 플랩이 붙은 대형 아코디언 포켓, 완부에 플랩 포켓이 붙어 있다. 또 ⓕ후드는 탈부착이 가능), ❺BDU 바지(3색 트로피칼 플레크타른 패턴의 카고 팬츠. 웨스트 벨트 부분에 벨트 루프가 붙어 있다), ❻마운틴 부츠(라이너 부분에 고어 텍스를 사용한 검은 가죽제 산악지용 부츠), ❼5.56mm H&K G36 돌격소총 ❽휴대무전기 안테나(AN/PRC-148 MBITR VHF 무전기를 사용)

◀ 체스트 리그

태즈메이니아 타이거 사 제품으로 나일론 제 트리그 Mk. Ⅱ. ❶흉부 뒤쪽에 방탄판 삽입용 포켓이 설치 되어 있다, ❷탄창 파우치(4개 수납), ❸다목적 파우치 독일 육군이라면 전통 있는 기갑사단은 물론 전차병(전차승무원)을 들지 않을 수 없을 것이다. 여기에서는 현대 독일 연방 육군의 전차병과 나치 독일 시대의 전차병 복장을 살펴볼까 한다.

◀기갑부대 금장

③

▲계급장

바탕이 병과색

독일 국방군 전차병

오른쪽 일러스트는 검은색의 전차승무원복을 착용한 국방군 대위(기갑). 좁은 차내용으로 특별하게 디자인 된 승무원복은 1934년경부터 사용되기 시작했다. 울 제품으로 기장이 짧다①재킷과 ②바지의 구성으로 재킷 밑에는 검은 타이와 마우스 그레이의 니트 셔츠(1943년 이후는 필드 그레이 셔츠)를 착용했다. 제2차 대전 초기에는 ③베레모를 착용했다(베레모 속에는 보호모가 들어있다). 재킷은 리퍼 칼라 같은 큰 칼라로 앞여밈 단추가 더블. 차내의 돌기물에 걸리지 않도록 버튼은 감추어져 있다. 재킷의 칼라에는 ⓐ기갑부대 금장, 오른쪽 가슴에는 ⓑ국방군 흉장을 부착. 계급에 따라서 어깨 또는 팔에 ⓒ계급장을 부착했다. 일러스트는 대전초기로 위 칼라에 병과색의 핑크 파이핑이 들어가 있다. ⓓ버튼으로 잠그는 플랩 포켓, 오른쪽 앞부분에 ⓔ회중시계용 포켓이 각각 붙어 있었다.

▼ 무장친위대 전차병

아래 일러스트는 무장친위대의 중령으로 전차승무원복을 착용하고 있다. 무장친위대의 전차병 복은 국방군의 것과 비슷하지만 세세한 부분의 디자인이 달랐다. 예를 들면 재킷은 국방군의 것에 비해서 밑 칼라가 작고, 앞여밈 재단이 스트레이트 컷으로 되어 있으며 등 부분을 1장 잇대었기에 솔기가 없다.

①백엽 기사십자장, ②백병전장, ③독일 십자장, ④전차격파장, ⑤1급 철십자장, ⑥전차돌격장, ⑦전상장, ⑧계급장(대지가 핑크색으로 착용자가 전차·대전차·장갑수색부대 소속임을 나타낸다. 게다가 계급장 위에 〈친위대 기 SS 아돌프 히틀러 사단〉의 부대휘장을 장착하고 있다)

독일연방육군전차병

현대 전차는 이전 세대보다 대형화되었으나 그 내부는 우리의 상상 이상으로 좁은 공간이다. 때문에 어느 나라에서도 전차병은 헬멧과 커버올을 착용하는 것이 일반적이다. 헬멧은 차안의 돌기물에 머리를 부딪히는 것을 막기 위해서고 커버올은 옷자락이 내부 기기에 걸리지 않도록 하기 위해서다.

왼쪽 일러스트의 독일 연방육군의 전차병도 마찬가지로 가죽으로 만든 ❶전차병용 헬멧과 플레크타른 패턴의 ❷커버올을 입고 있다. 커버올은 항공기 승무원의 플라이트 슈트와 비슷하게 만들어서 화재에서 승무원을 보호하기 위한 내열내염 효과가 높은 케블라 섬유를 소재로 하고 있다. 가슴부분과 다리의 정강이 부분에 각각 2개씩 파스너 개폐식의 ⓐ슬링 포켓이 있고 웨스트 부분에는 고무를 넣었다 ⓑ주름이 들어가 있다. ⓒ앞여밈은 파스너 개폐식으로 ⓓ소매 입구는 벨크로를 부착한 탭 조절식이다. 이 커버올의 특징이라면, ⓔ칼라 부분을 세워서 앞으로 잠글수 있다는 것과 왼쪽 가슴 포켓 부분에 펜 등의 필기용구를 끼우는 ⓕ펜 포켓이 붙어 있는 것, ⓖ숄더 스트랩이 붙어 있는 것 등이다. 숄더 스트랩은 계급장을 붙이는 것 외에 전차에서 긴급탈출 해야 할 때 부상이나 실신한 승무원을 동료가 끌어내야 할 때 손잡이로도 쓰인다. 가죽 헬멧은 머리 부분을 보호하기 위한 패드가 앞뒤를 가로질러 붙어 있으며, ⓗ헤드 셋과 ⓘ마이크가 부착되어 있다. 또 차 밖으로 자주 얼굴을 내미는 차장은 ⓙ고글을 착용할 때가 많다. 헤드셋은 소음이 큰 차내에서 승무원끼리의 의사전달이나 외부와의 무선연락에 빠질 수 없는 장비이다. 차안에서 통화와 무선 통화는 ❸통신 교환 스위치를 사용한다(승무원은 차안의 소음과 헤드셋 때문에 외부의 소리는 거의 들리지 않는다). ❹부츠는 편상화식의 검정 가죽 반목 장화. 국가에 따라서는 탈출 때 신발이 어딘가에 걸려도 곧바로 벗을 수 있도록 특수한 디자인의 부츠를 사용하지만 독일의 경우는 보병과 같은 디자인 같다(하지만 내열내염 소재를 사용했을 것이라 생각된다).

차장용 큐폴라에서 상반신을 드러낸 레오파르트2의 차장. 베레모 위에 헤드셋을 쓰고 있다. 탑승 시에는 전원이 헬멧을 쓰지만 차 밖으로 몸을 노출시켜 주위를 경계할 일이 많은 전차장은 베레모와 방탄복을 착용하고 있다.

프랑스 육군

여성용 폴라 햇. 모자 정면에 베레와 같이 병과를 나타내는 금속휘장을 단다.

프랑스 육군은 냉전의 종식과 함께 대규모 조직 개혁과 병기의 근대화를 진행, 전력 강화를 꾀했다. 따라서 장병들이 사용하는 무기나 장비품, 의류 등의 갱신에도 적극적이었는데, 프랑스 육군의 제복 및 전투복으로는 T21 및 T22(훈장을 패용하면 정장이 되는 서비스 드레스), T16(흰 반소매 셔츠와 바지의 하계용 서비스 드레스), T34(퍼레이드 등의 행사용 준정장. 술 달린 견장과 훈장을 부착), T33(전투복에 견장을 붙이고 훈장을 패용한 행사용 준정장), T31(전투복에 각종 휘장과 약장을 단 서비스 드레스), T41(전투복에 계급 약장 등의 필요 최소한의 휘장을 단 전투용 드레스)가 있다.

제복 및 각종휘장

프랑스 육군 제복은 어두운 베이지색(빛의 밝기에 따라서는 밝은 그레이로 보인다)의 재킷(남성용은 4포켓에 단추가 한 줄인 정장, 여성용은 2포켓에 더블 단추인 정장)과 바지로 구성된 3진용의 T21(밑에 흰 와이셔츠와 검은 타이를 착용)과 동절기용의 T22(베이지 와이셔츠를 착용)가 있다. 원단의 두께에 따라 다르지만 모두 울 제품. 정모는 남성이 케피 모자, 여성은 폴라 모자.

각종 휘장의 부착 예시 ▶

사진은 T21에 훈장을 부착한 제152보병연대(기계화보병)의 연대장. 머리에 쓴 케피 모자 두정부의 색은 보병을 의미하는 붉은 색.

제복(근무복)의 계급장이나 각종휘장의 부착 위치는 규정으로 정해져 있다. 위의 일러스트는 제152보병연대 장교(대위)의 예.
❶연대휘장, ❷명찰, ❸여단 패치(*제7기갑여단 패치), ❹파라슈트 강하자격장, ❺코만도 트레이닝 센터 교관 휘장, ❻병과 휘장(보병과), ❼계급장(보병과의 직종장이 자수되어 있다), ❽기능장, ❾푸라제르(전공 표창장의 증거가 되는 장식 끈), ❿연대 패치(착용자 소속부대를 나타낸다), ⓫약장, ⓬정복 버튼(병과 휘장이 각인되어 있다)

국가헌병대(기동)장교 ▶

준군사조직인 국가헌병대는 평시에는 내무부 산하로 사법경찰활동을 하지만 유사시에는 군조직으로 국방부의 지휘 아래 들어간다. 그 때문에 군의 계급제도가 도입되어서 장교, 부사관, 병이 명확하게 구별 되어 있다. 피복의 일부나 장비, 무기 등은 육군과 공통이다. 일러스트는 기동헌병대 장교의 야전장비.

❶케피 모자(기동헌병대의 장교용. 모자에 감겨진 3개의 금선은 대위), ❷플리스 재킷(SEYNTEX사제 방한 재킷. 소재는 폴리에스테르), ❸시그 자우어 PS2022 권총을 수납한 홀스타 ❹F2위장 전투복 바지(양대퇴부 측면에 대형 플랩식 포켓이 붙은 카고 팬츠. 면과 폴리에스터 혼방제로 립스탑으로 되어 있다). ❺레인저 부츠(2개의 스트랩으로 고정하는 톱 클로저가 붙은 가죽 제품), ❻계급약장, ❼케피 모자(병과에 따라서 두정부의 색이 다르고 장교용은 일러스트 같이 꼰 끈으로 된 자수가 붙어 있다)

육군 계급장

근무복(서비스 유니폼)의 숄더 스트랩에 부착하는 계급장.

 대장 중장 소장 준장 대령 중령 소령

대위 중위 소위 사관후보생 원사 상급상사 상사

중사 하사 부사관후보생 선임상등병 상급상등병 상등병 일등병

계급 약장

전투복의 앞여밈에 부착하는 약장으로 전투시에 눈에 뛰지 않도록 저시인성 색상으로 되어 있다. 약장에는 오른쪽 일러스트 같이 평소에 사용하는 시인성이 높은 색을 사용한 것도 있다.

대장 중장 소장
준장 대령 중령 소령 대위 중위
소위 사관후보생 원사 상급상사 상사 중사
하사 부사관후보생 선임상등병 상급상등명 상등병 일등병

현용전투개인장비

프랑스 육군은 2009년부터 특정 부대를 중심으로*FELIN Fantassin à Équipement et Liaisons Intégrés, 선진 보병 전투 시스템을 배치하기 시작했다. 갱신이 늦어진 일반 보병부대에서도 최근 수 년 전부터 FELIN을 착용한 병사가 늘고 있다.

◀ 저격수용 장비

일러스트는 H&K사의 G28 저격총을 휴대하고 있는 저격수. 프랑스군에서는 저격수를 보병부대에 직접 배속하고 있다(소대 단위 제대까지 배속시킨 것 같은데 ISAF로 파견된 부대의 사진에서도 저격수의 모습을 확인할 수 있다). ①F2 컴뱃 캡(야전용 약모), ②G28 저격총(7.62×51mm NATO탄을 사용하는 반자동저격총. 독일연방군에도 채용된 지정 사수 소총이다. 장착하고 있는 것은 @슈미트 벤더PM II 조준기, ⓑMERIN-LR 암시장치), ③RAV 전술 방탄복(코듀라 나일론제 외피에 소프트 아머나 아머 플레트를 삽입하여 내탄능력을 가지게 했다), ④탄창 파우치, ⑤FELIN T3 재킷(폴리에스테르와 면 혼방 립스탑 원단으로, 양가슴과 양옆구리 부분에 플랙식 패치 포켓이 있다. 2000년대부터 사용되었다), ⑥FELIN T3 바지(T3재킷과 같은 소재로 만들어진 카고 팬츠), ⑦레인저 부츠

FELIN 헬멧을 착용한 병사. 이것은 미합중국 육군의 ACH와 같은 모양의 케블라 헬멧 TCF(NVG V2)를 FELIN 시스템에 맞추어서 개량한 것, 레벨ⅢA의 항탄능력이 있다. 헬멧 정면에 FELIN의 옵티컬 시스템(광학장비)을 장착 할 수 있다.

*FELIN=차세대 전투장비, 통합보병장비 등으로 해석되며, 「펠랑」이라고 발음한다.

CE 위장 패턴 전투복

프랑스 육군은 1990년대 초까지 위장복 사용을 피해왔다. 그것은 프랑스군의 오점이 된 알제리 전쟁(1954~1962) 당시 투입되어 리자드 패턴(도마뱀 위장)을 사용한 공정부대를 연상케 하기 때문이었다. CE 위장 패턴(중부 유럽의 식생에 맞추어서 그린, 브라운, 블랙, 카키의 4색으로 만들어졌다)을 사용하는 F2전투복은 1991년에 채용, 현재도 계속 사용되고 있다. 하지만 한편으로 2010년 이후, ISAF 임무를 위한 아프가니스탄 파병을 계기로 피복과 장비류의 갱신이 이루어지고 있다.

◀ 보병 단독군장

일러스트는 경비 등의 임무를 맡았을 경우의 경장비를 착용한 2015년경의 보병부대 여성 병사. 프랑스군의 경우 많은 분야에 여성이 진출, 개중에는 전투 임무를 맡은 사람도 많다.
❶베레모(보병부대의 베레의 색은 짙은 감색. 베레에는 보병부대의 금속제 휘장을 부착하고 있다), ❷UBAS 셔츠, ❸CCE 택티컬 베스트, ❹FA-MAS(5.56×45mm NATO탄을 사용한 *불펍식의 돌격소총. 일러스트는 FA-MAS F1), ❺피스톨 벨트(택티컬 베스트에 달린 벨트 루프로 결속되어 있다), ❻F2팬츠, ❼전투화(가장 많이 사용하는 레인저 부츠와는 다른 신형)

◀ UBAS 셔츠

미합중국 해병대의 FROG나 영국군의 UBAS와 같은 디자인으로 주 소재는 코튼. 사용하는 지역과 계절에 맞추어서 몇 개의 브랜드가 제조해서 납품하고 있는 것 같다. 일러스트의 UBAS는 칼라와 소매 부분이 CE위장이지만, 3컬러의 사막용 위장(샌드, 브라운, 라이트 그레이)무늬도 있다.

CCE 택티컬 베스트 ▼

코듀라 나일론 제품으로 CE 위장. 베스트 전면에는 파우치 등을 장착하기 위한 벨트가 부착되어 있다. 미군의 MOLLE 어태치먼트 시스템을 의식한 것 같다. 통기성을 생각해서 등 부분이 메쉬로 되어 있다. 중량은 1.8kg로 가벼운 편.

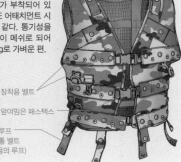

장구류 장착용 벨트

앞여밈은 패스텍스

벨트 루프
(피스톨 벨트
결속용의 루프)

프랑스 군의 전투복

F2 전투복에는 1990년대 사용된 구형과 신형의 두 가지가 있다. 둘 다 기본적인 디자인은 바뀌지 않았는데 구형은 올리브 그린 단색과 CE 위장이 있었고 재킷의 길이가 약간 길고 양 허리 부분에는 플랩 포켓이 붙어 있었다. 현재 쓰이고 있는 신형은 CE 위장만 있고 재킷의 길이가 짧고 플랩 포켓은 없어졌다. 바지는 카고 팬츠로 전투화의 맨 위에 바지 밑단 부분 고무줄 조임이 오도록 착용한다. 그리고 ISAF로 아프가니스탄 파견, 실전경험을 통해서 개발된 것이 FELIN 전투복. 2008년 경부터 개발된 FELIN 전투복에는 T3과 T4의 버전이 있다.

▼ F2 전투복

F2 전투복은 CE패턴 재킷과 바지로 구성되고 미육군의 ACU 같이 전투 시 이 외의 서비스 드레스로도 착용한다. 소재는 코튼과 폴리에스테르 혼방으로 립 스탑. ❶왼쪽의 칼라 입구 안쪽에는 앞가리개를 수납(펼치면 칼라 입구로 바람이 들어오지 않는다), ❷파스너(지퍼) 개폐식 수직 슬릿 포켓, ❸감춤식 버튼의 상의 앞여밈(버튼은 5개), ❹고무 조임이 들어간 소맷부리의 양측 부분, ❺셔츠 커프스식으로 후크잠금식 소매입구, ❻포워드 포켓 ❼앞 지퍼 ❽감춤식 버튼의 플랩이 붙은 카고 포켓, ❾고무줄 조임이 들어간 바짓단 부분.

F2 전투복은 행사 등에서 사용되는 준정장이기도 하다. 사진은 T31(F2에 각종 휘장과 훈장, 약장을 부착한 서비스 드레스)로 행진하는 제1 스파히 연대(1er Régiment de Spahis, 기갑정찰부대)의 하사

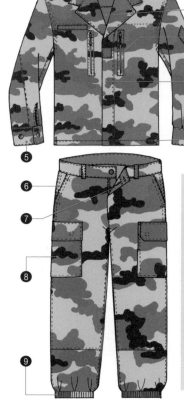

FELIN T4 전투복 ▶

2010년경부터 배치가 시작된 FELIN T4 전투복의 재킷과 팬츠. 3계절 대응으로 폴리에스터와 면 혼방 립스탑 소재. F2전투복 보다 재킷의 길이가 길고 대형 포켓이 붙어 있어서 수납용량이 크다(비슷한 디자인의 전투복으로는 T3이 있지만 양 허리 부분의 포켓의 버튼이 싱글로 되어 있다). ❶칼라를 세우면 바람을 막을 수 있다, ❷파스너식 슬릿 포켓, ❸허리부분 플랩이 붙은 대형 카고 포켓(더블 버튼 잠금식), ❹플랩이 붙은 카고 포켓, ❺바짓단 조임 끈, ❻무릎부분 보강 원단(포켓으로 되어 있다), ❼플랩이 붙은 팔 부분 카고 포켓

선진 보병 전투 시스템 "FELIN"

선진 보병 전투 시스템이란 각종 시찰장치 및 정보단말장치로 보병의 생존성과 전투효율을 높이는 것으로 프랑스 육군의 FELIN은 2010년에 실전 배치. 초기 생산 분은 제1기계화보병여단 예하의 제1보병연대로 납품됐다. 아프가니스탄에서도 사용됐다. 전세계에서 제일 먼저 실전 배치 된 선진보병전투 시스템인 FELIN은 총중량 24kg, 2개의 배터리로 72시간의 운용이 가능(배터리는 VBCI나 VAB등의 보병전투차량에 탑재한 장치로 충전가능하다). 시스템은 전천후하에서 사용할 수 있는 시야·조준장치, 헬멧 장착 디스플레이 장치, GPS, 무전기, 그런 것들을 관리·이동시키는 소형 컴퓨터, 콘트롤러, 배터리, 각 장치를 수납하여 접속하는 배선이 있는 전자재킷으로 구성된다(각국에서 개발이 이루어지고 있는 선진보병전투 시스템과 기본적으로 같은 구성). FELIN은 현재도 보급 진행과 동시에 개량이 이루어지고 있어 제2세대인 FELIN V2의 개발도 진행 중이라고 한다.

◀ FELIN

❶헬멧 장착식 옵티컬 시스템(일체형의 카메라 및 디스플레이 장치), ❷방탄복과 일체화된 전자 재킷(시스템의 케이블이나 커넥터가 방해가 되지 않도록 내장되어 있다), ❸PEP(소형 컴퓨터) 수납부(포터블 전자 플랫폼이라 불리는 시스템의 중심에선 소형 컴퓨터를 수납), ❹컨트롤러(시스템의 제어 장치), ❺웨폰 서브 시스템(광학 및 적외선 카메라기능을 가진 조준/시찰장치로 FA-MAS의 상부총몸에 장착한다), ❻배터리(충전식 리튬이온전지)수납부, ❼인포메이션 네트워크 시스템(디지털 정보를 부대전체에 공유 할 수 있는 무선 시스템), ❽총검

FELIN 시스템은 약 1,100개의 초기생산분이 납품된 것을 시작으로 2015년까지 22,588개가 납품되었다고 하며, 단가는 개발비를 포함하여 49,000유로이다.

소련군의 주력을 계승하여 성립된
러시아 연방 육군

6B26 케블라 헬멧과 방탄복을 착용한 러시아 국내군(내무성의 군사조직)의 병사. 러시아군과 공안국의 특수부대가 사용하는 고르카-3гóрка-3이라 불리는 산악용 유니폼의 상하를 착용하고 있다. 방수가공을 한 면 제품으로 상의는 마운틴 파카 사양이다. 사진에 나온 타입 외에 어깨 및 엘보 패치(팔꿈치에 덧대는 천), 포켓의 덮개 부분이 위장 무늬로 되어 있는 것도 있다. 러시아 내무성은 국내 중요시설

경비, 테러나 비합법 무장조직 등의 범죄에 대처하기 위해서 연방군과는 별도로 약 110만 명이라는 대규모의 국내군을 보유하고 있다(현재는 국가 친위대로 개편). 국내군의 활동은 러시아 국내에 국한되지 않고 러시아 육군과 같은 사단·여단편제를 취하고 구성원의 신분은 군인이다. 어디까지나 군사작전을 임무로 하는 조직이며 내무성 관할이지만 범죄 조사 등의 경찰 활동에는 종사하지 않는다. 내무성에는 이외에도 OMONОтряд милиции особого назначения과 SOBRСпециальный Отряд Быстрого Реагирования, 국내군 스페츠나즈 같은 특수부대가 편제되어 있다.

1992년에 구 소련군을 계승하는 형태로 창설된 러시아 연방군은 육군, 항공우주군(타국의 공군에 해당), 해군, 및 전략 로켓군, 공수군의 3군종 2독립병과로 구성되어 있어서 현역 병력 총수는 약 77만 명으로 추정된다.

이 중에서 육군은 병력 총수 23만 명. 서부·남부·중앙·동부의 4개의 군관구로 나누어져서 배치 되고 있다.

러시아 연방 육군의 계급장

러시아 연방 육군의 계급장에는 퍼레이드용, 근무복용, 전투복용이 있다.
일러스트는 전투복용의 약장으로 기본적으로 연방공통이다.

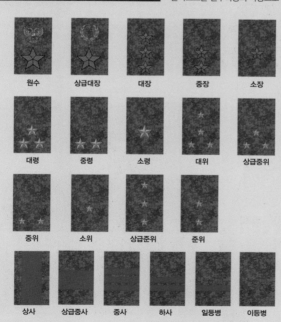

원수	상급대장	대장	중장	소장
대령	중령	소령	대위	상급중위
중위	소위	상급준위	준위	
상사	상급중사	중사	하사	일등병	이등병

VKBO위장전투복을 착용한 러시아 공수군의 장교. 양 어깨에 전투복용 약장을 붙이고 있다. 파란 베레모와 줄무늬 언더 셔츠는 공수군의 트레이드 마크.

러시아 연방육군보병장비

2010년부터 사용된 디지털 플로라 위장의 전투복은 러시아의 패션 디자이너 발렌틴 유다시킨이 디자인 했다. 하지만 기능성보다 패션성을 중시한 디자인으로 여러 가지 문제가 있어서 최종적인 디자인이 정해진 것은 2010년이었다. 현재 디지털 플로라 위장복은 2010년형, 2012년형, 최신형인 VKBO가 있다(각각 위장 패턴 및 디자인이 다르다). 일러스트는 10년형 전투복에 위장 커버를 입힌 6B26 헬멧을 쓰고 6B13 방탄복과 그라드(Град)-2 택티컬 베스트(전부 디지털 플로라 위장)를 착용한 현재 러시아 육군 보병. 헬멧에 장착하고 있는 구소련 시대 제품인 방풍 고글은 재고가 많이 남은 것인지 6B34 방풍 고글이 보급되고 있는 현재에도 사용하고 있는 병사가 많다. 다른 나라의 군대와 같이 러시아 군도 장비 조달이 이루어지지 않았는지 개인장비에 관해서는 부대에 따라서 많은 차이가 있다. 또 최신 개인 장비에는 미군의 PALS를 흉내낸 웨빙 테이프가 붙은 방탄복 6B43 등이 사용되고 있다.

덧붙여서 6B13이던가 6B43같은 숫자와 알파벳은 GRAUГлавное ракетно-артиллерийское управление МО РФ 코드라 불리는 것으로 러시아 연방 국방성의 미사일 및 포병총국GRAU이 군수품과 기기 등의 분류에 할당한 인식번호다. 예를 들면 6은 소화기·개인장비, B는 방탄복 등의 개인 방호장비, P는 AKM등의 총기류, SH는 택티컬 베스트나 그에 부속된 파우치류 등을 말한다. 재미있는 점이라면 탄도미사일을 가리키는 8A 등의 코드도 존재한다는 것이다.

❶6B26 케블라 헬멧
❷구형 방풍 고글
❸휴대무전기(R-169P-1과 P-168-0.5YM 등이 사용되고 있다)
❹6B13 자브랄로(Забрало) 방탄복
❺디지털 플로라 위장 전투복(2010년형)상하
❻AN-94 아바칸 돌격 소총(5.45×39mm탄을 사용하는 AK-74M의 후계 소총)
❼GP-30 유탄발사기
❽그라드-2 택티컬 베스트

▲ 6B26 케블라 헬멧

청일전쟁부터 태평양전쟁까지 참전한
구 일본 육군

구 일본 육군은 메이지 4년(1871)에 건군, 쇼와 20년(1945)에 패전하기까지 4개 전쟁에 참전했는데, 부대편성은 총군·방면군·군·사단·집단·여단·단이라는 편제를 취했으며, 이를 구성한 것은 연대나 대대라는 부대편성단위였다. 또 직종이라는 점에서는 병과(보병·포병·기병·공병·치중병·항공병 등의 전투직종과 헌병)와 지원직종으로 구분되어 있었다.

일본 육군의 계급은 장교·준사관·하사관·병으로 나뉘어져 있었다. 장교는 대장에서 소위 까지의 계급으로 구성되었는데, 정확히는 장교라 불리는 부대 지휘관이 되는 보병·포병·기병 등의 병과 사관과 군의나 주계 등의 장교상당관으로 나뉘었다.

건군 이래 병과 사관만이 장교로 불린 것은 해군과 같았지만 쇼와12년(1937)에 장교상당관제도를 폐지, 각부 장교로 부르게 됐다. 이전까지는 지원직종의 각부 사관을 장교상당관으로 호칭, 일등군의정, 일등약제정, 이등주계 등으로 불렀지만 개정 이후에는 군의대좌, 약제대위, 주계중위로 호칭이 바뀌었다 (이에 따라 준사관이나 부사관도 위생군조, 주계오장 등의 계급으로 불리게 됐다).

준위, 특무조장 등의 준사관은 하사관·병을 통솔하는 것과 함께 장교와 하사관·병 사이를 이어주는 상급하사관 같은 위치로 사관에 준하는 대우를 받았다. 하사관은 조장에서 오장까지가 사관 밑, 병 위에 위치해서 직접 병을 지휘했다. 병은 병장에서 이등병까지의 일반병을 의미했다.

이 중에서 부사관 이상은 육군무관으로 불리고 장교는 칙임관勅任官 및 주임관奏任官, 메이지 헌법 밑에 있는 관사(官史)구분의 고등관, 준사관 및 부사관은 판임관判任官, 고등관 밑의 관사로 천황의 관제대권 및 문무관의 임면대권을 바탕으로 임명된 관사였다.

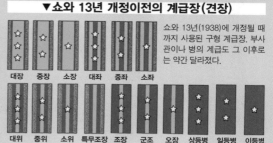

▼ 쇼昭5식 군의 금장

보병과	기병과	포병과
공병과	치중과	헌병과
항공병과	경리과	위생과
수의과	군약과	

▼ 금장에 붙이는 대호장

포병대(산포)인 것을 나타낸다

대호(소속한 연대 또는 대대의 번호 여기서는 견습사관이므로 사관후보생 시절에 소속했던 원대의 번호)

사관후보생이라는 것을 나타낸다

포병과의 휘장

일본 육군의 계급장과 각종 휘장

▼쇼와 13년 개정이전의 계급장(견장)

대장	중장	소장	대좌	중좌	소좌

쇼와 13년(1938)에 개정될 때까지 사용된 구형 계급장. 부사관이나 병의 계급도 그 이후로는 약간 달라졌다.

대위	중위	소위	특무조장	조장	군조	오장	상등병	일등병	이등병

쇼와에 들어서 최초로 제정된 쇼5식 군의(1930년 제정)에는 사관·하사관·병 공통으로 옷깃에 정해진 색으로 각 병과부의 구분(보병·기병·포병·공병·헌병·항공병의 병과와 경리과·위생과·수의과·군약과의 각부 구분)을 표시한 포제 괭이모양 금장을 붙였다. 또한 금장 위에는 금속제 대호장도 붙였는데, 장관급 장교는 병과 구분이 없기 때문에 금장을 붙이지 않았다.

▼ 쇼와 13년 개정된 계급장

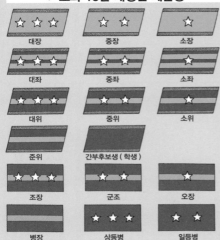

대장 중장 소장
대좌 중좌 소좌
대위 중위 소위
준위 간부후보생 (학생)
조장 군조 오장
병장 상등병 일등병
이등병

쇼와 13년부터는 금장으로 바뀌고 16년 개정까지 사용되었다. 16년의 개정에서는 별의 나열방식이 바뀌고 18년 개정에서는 위관이하의 계급장의 모양이 바뀌었다.

▼ 쇼와 18년 개정된 계급장

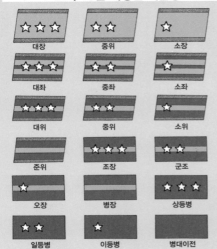

대장 중장 소장
대좌 중좌 소좌
대위 중위 소위
준위 조장 군조
오장 병장 상등병
일등병 이등병 병대이전

승진 때마다 계급장을 바꾸는 것은 비경제적이며 군 질서 유지에도 문제가 있다는 이유에서 쇼와18년에 다시 계급장이 개정됐다. 또 식별하기 쉽도록 그 때까지 대장에서 이등병까지 같은 크기였던 것을 대장은 세로30mm, 가로45mm, 좌관은 세로25mm, 가로45mm, 위관이하가 세로20mm, 가로45mm로 커졌다.

▼ 98식 군의 칼라

전차 연대 중위
대호
계급장
전차대를 나타내는 대호장

헌병 준위
계급장
헌병을 나타내는 대호장

쇼와 13년의 개정이후, 98식 군의는 병과의 사관·부사관·병은 칼라에 계급장과 대호장을 붙였다. 머지않아 태평양전쟁이 시작되고 쇼와 16년 이후에는 은닉상의 문제로 헌병이나 건습사관을 나타내는 일부 대호장 이외는 사용하지 않게 됐다.

▼ 흉장(병과부 구분)

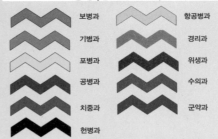

보병과 항공병과
기병과 경리과
포병과 위생과
공병과 수의과
치중과 군약과
헌병과

쇼와 13년에 세운 옷깃식의 쇼와 5식 군의로 바뀌고 접히는 칼라식의 98식 군의가 제정됐으며 금장도 폐지됐다. 그것과 함께 새로운 병과부구분을 나타내는 정색의 산모양 흉장이 제정 됐다. 색으로 구분된 포제의 흉장은 왼쪽 가슴에 착용했지만 쇼와 15년에는 폐지 됐다.

▼ 쇼와 16년의 병과색의 개정

위생과를 나타내는 식별선

군약과를 나타내는 식별선

쇼와 15년에는 헌병과를 빼고 병과구분(보병·기병·포병·공병·치중병·헌병·항공병의 구분)이 폐지된 것으로 산모양의 병과장도 폐지됐다. 그것과 함께 병과와 각부를 식별할 수 있는 쇼와16년에 개정, 각부의 사관·부사관·병은 소속한 각부의 식별선을 붙인 계급장을 착용하도록 했다. 한편 병과는 일부가 대호장의 금속휘장을 칼라에 붙여 식별했다.

일본 육군의 군복은 쇼와에 들어서 쇼5식 군의, 98식 군의, 3식 군의로 바뀌어왔다. 군의란 통상근무나 야전에 착용하는 상의를 말한다. 장교 및 준사관은 긴 하카마(근무 중이나 병영 내에서 착용하는 바지) 또는 짧은 하카마(야전용 바지, 승마바지)나 부사관·병은 짧은 하카마로 각각 맞추어서 사용했다.

쇼5식 군의 및 짧은 하카마

쇼5식 군의는 쇼와 5년(1930)에 제정 된 군의로 세운 옷깃식 상의에 견장식 계급장과 병과부 정색인 금장을 부착하는 것이 특징. 일러스트는 장교용의 쇼5식 군의와 짧은 하카마. 군의와 짧은 하카마에는 하계용과 안감이 붙은 동절기용이 있었다. 군의는 육군창설 이래 계속 세운 옷깃이었는데, 쇼5식 군의가 마지막 세운 옷깃식이었다. 제정된 쇼와 5년경에는 아직 물자에 여유가 있어서 장교용은 군복 원단에 질이 좋은 울을 사용했고 소매에 되접어 꺾은 부분이 있었다. 또 개인소유여서 칼라 높이 등의 디자인을 기호에 맞게 조절 가능했다. 덧붙여서 쇼5식에서는 장교·부사관병 모두 등판이 2장 잇대어져 있다.

칼라

칼라 잠금

계급장

병과부 구분 표시 금장

칼라 잠금용 갈고리 단추

잠금쇠

플랩이 붙은 슬릿형 포켓

견장 지지곤(계급장 부착용 루프)플랩이 붙은 슬릿 포켓

소매 되접어 꺾은 부분

군복 바지 멜빵용 서스펜더

같은 쇼5식이라도 시기에 따라서 슬기가 없는 것도 있다

앞여밈은 버튼지으로 감추기식으로 되어 있다

군도를 매다는 옆트임

서스펜더는 짧은 하카마의 웨이스트 부분 안쪽과 바깥쪽에 붙은 고정 버튼으로 잠근다

군도를 매달지 않을 때는 닫을 수 있도록 뒤쪽에 버튼이 붙어 있다

약도대(略刀帶)용 벨트고리

약도대

오른쪽 일러스트는 1930년대 중반 경의 근위기병연대의 대위.
❶군모(메이지38년에 제정되었다. 근위병용의 군모전장을 붙이고 있다), ❷쇼5식 군의(상의 목다이에는 기병과를 나타내는 괭이모양의 금장을 붙이고 있다), ❸짧은 하카마(쇼5식군의로 구성된 야전용 바지), ❹긴 구두(장교용 승마 부츠. 장교용은 박차 멈춤의 돌기가 군화 뒤축에 붙었다), ❺기병용 군도(장교용 세이버)

승마 바지형의 짧은 하카마

군도를 매다는 걸쇠

하각부는 부츠를 신기 쉽도록 가늘게 되어 있다

입고 벗기 쉽도록 버튼 잠금식으로 되어 있다

3식 군의(3식에 준하도록 개수된 98식 군의)

전황이 악화되는 중이던 쇼와 18년(1943), 물자부족과 생산성 향상 등의 이유에서 군복도 간략화되어 칙령 774호에 기인한 3식 군의가 제정됐다. 기본적으로 *98식 군의와 바뀌지 않은 디자인이었지만 3식 군의는 상의와 하의의 짧은 하카마 원단의 질이 저하, 상의는 어깨부분의 정견장 부착구멍이나 적수鏑袖(접힌 소매)등이 없어진 것과 함께 그 때까지 오더 메이드였던 장교용조차 기성품이 보급됐다. 때문에 3식 군의를 사용하지 않고 질과 제작이 좋았던 98식 군의를 개정에 맞추어서 수선해서 착용하는 장교도 많았다. 두드러진 차이점은 개정된 계급장을 칼라에 달거나 양 소매에 계급을 나타내는 수장을 붙였던 점(준위 이상). 일러스트는 약모에 개3식형의 98식 군의·하카마, 장 부츠를 착용하고, 장구류를 몸에 걸친 전차부대장교(중좌).

❶장교용 약모, ❷쇼와 18년 개정된 계급장, ❸98식 군의(쇼와 18년의 개정에 맞추어서 98식 군의를 수선한 옷), ❹지도주머니 끈, ❺권총집 메다는 끈, ❻대장장(좌관용), ❼권총 매다는 가죽 끈 및 권총 탄환 주머니, ❽98식 군도, ❾수장(쇼와 18년의 개정으로 군의에도 수장이 붙게 됐다. 수장은 10mm폭의 녹장과 성형의 금실 자수를 넣은 원형대좌로 구성되어 있고 선장은 장관3개, 좌관2개, 위관1개. 또 원형대좌는 대=장관, 중=좌관, 소=위관. 일러스트는 중좌여서 중을 2개 달고 있다), ❿짧은 하카마(야전용 바지), ⓫전차모(포제의 전차탑승용 헬멧. 일러스트는 초기형), ⓬장부츠

▼ 후면의 장비품

❶94식 권총집, ❷도낭, ❸98식 군도(군의 밑에 착용한 약도끈 매다는 금속구로 군도를 직접 매단 상태). ⓐ약도끈, ⓑ매달기용 쇠장식, ⓒ군도 패용 고리, ⓓ약도 띠를 매는 가죽띠, ⓔ94식 권총(쇼와 9년에 채용된 구경 8mm 군용 권총), ⓕ94식 권총집

병의 경우 입대와 동시에 필요한 여러 가지 장비가 군에서 지급되었는데, 국가에서 빌려준 것이었기에 하나라도 잃어버려서는 안 되었다. 따라서 타인 또는 타 부대의 물건을 훔쳐서라도 숫자를 맞춰 둬야만 했다. 이에 비해서 장교(준사관 및 견습사관도)의 경우에는 전부 자비로 구입한 사유물이었다.

장교군장

98식 군의 및 하카마는 1938년에 제정된 군복으로 그 때까지 양어깨에 붙어 있었던 계급장은 98식부터 양쪽 칼라에 달게 됐다(이 개정으로 계급장의 모양도 바뀌게 됐다). 이것과 함께 전장과 연습 때만 사용 되었던 약모를 제식화, 상시사용하게 됐다(당초는 정모도 사용 되었다). 군의 하카마는 장교, 하사관·병 모두 비슷한 디자인으로 만들어졌는데 실제로는 원단에서 만듦새까지 크게 달랐다.

철모

오각형 포지에 자수 별

약모

동철용은 실크 새틴등의 안감이 덧대어 저 있다

접힘 칼라로 목 부분은 잠금식 훅으로 잠근다

정견장을 장착하는 구멍이 열려 있다

오더 메이드여서 천의 재질이나 세부는 기호대로

약도띠

왼쪽 센터 벤트에 검 매달이가 통과할 수 있도록 트임이 있다.

군도 패용을 위한 고리 군의·하카마 모두 원단에는 나사등의 울직물을 사용

버튼 잠금식의 옷단 부분

적수 (접힌 소매)

98 식 군의

군하카마 (야전용의 짧은 하카마)

술끈(뒤 가죽이 위관은 청, 좌관은 적, 장관은 황금색)

군도

야전용으로 가죽을 감은 칼집

수통

권총주머니

뚜껑이 컵이 된다

용적이 병용보다 적다

나사지의 커버

안쪽 뚜껑

약도띠

패용 고리

반합

도낭

가죽각반

허리끈

장화

편상화

14 년식 권총

❶약모, ❷98식 군의상의, ❸대장장, ❹권총띠, ❺14년식 권총집, ❻도낭, ❼98식 군의 짧은 하카마(야전용), ❽장부츠, ❾군도(야전용으로 칼집에 가죽을 감은 것), ❿안경 주머니, ⓫권총탄 탄입대, ⓬허리띠, ⓭계급장(쇼와13년 개정판)

*자기부담=장교 개인 장비 한 세트가 약 700엔(현재 가치로 1,500만 원)정도 들었다.

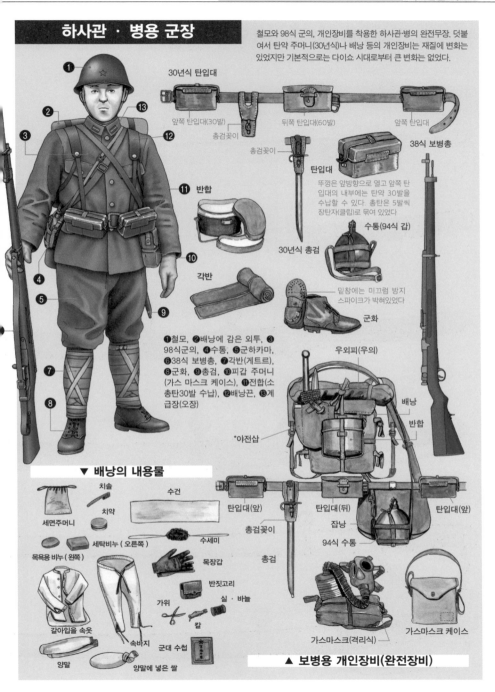

도신 (타치) 의 각부 명칭

일본도에는 다치太刀와 우치가타나打刀가 있는데, 우치가타나(가타나)는 칼날이 두껍고 길이가 짧아 튼튼하며 쉽게 다룰 수 있는 실전용 도검으로 무로마치 시대 이후의 주류가 되었으며 대개 일본도라면 우치가타나를 가리킨다. 덧붙여서 군도에 쓰인 한다치코시라에半太刀拵란, 도신 자체는 우치가타나이지만 다치의 장식을 사용, 다치 형식으로 만든 검을 말한다. 군도의 도신은 우치가타나이므로 여기서는 우치가타나의 각부 명칭을 들었다.

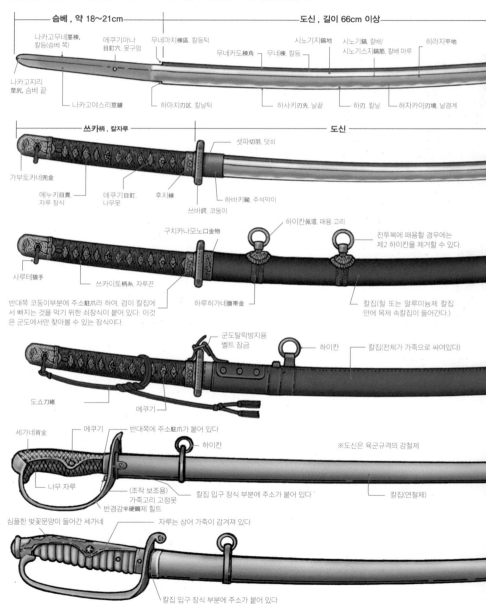

나카고무네茎棟, 칼등(습베 쪽)

메쿠기아나目釘穴, 못구멍

무네마치棟区, 칼등턱

시노기지鎬地

시노기鎬, 칼배/ 시노기스지鎬筋, 칼배 마루

히라지平地

나카고지리茎尻, 습베 끝

나카고야스리茎鑢

하마치刃区, 칼날턱

무네카도棟角

무네棟, 칼등

하사키刃先, 날끝

하刃, 칼날

하자카이刃境, 날경계

습베, 약 18~21cm

도신, 길이 66cm 이상

쓰카柄, 칼자루

도신

가부토카네兜金

메누키目貫, 자루 장식

데쿠기目釘, 나무못

후치縁

셋파切羽, 덧쇠

하바키鎺, 주석막이

쓰바鍔, 코동이

사루테猿手

쓰카이토柄糸, 자루끈

구치카나모노口金物

하루히가네腹帯金

하이칸佩環, 패용 고리

전투복에 패용할 경우에는 제2 하이칸을 제거할 수 있다.

칼집(철 또는 알루미늄제 칼집 안에 목제 속칼집이 들어간다.)

반대쪽 코동이부분에 주소駐爪라 하여, 검이 칼집에서 빠지는 것을 막기 위한 쇠장식이 붙어 있다. 이것은 군도에서만 찾아볼 수 있는 장식이다.

도쇼刀緒

메쿠기

군도탈락방지용 벨트 잠금

하이칸

칼집(전체가 가죽으로 싸여있다)

세가네背金

메쿠기

반대쪽에 주소駐爪가 붙어 있다

하이칸

※도신은 육군규격의 강철제

나무 자루

(조작 보조용) 가죽고리 고정못

반경강半硬鋼제 힐트

칼집 입구 장식 부분에 주소가 붙어 있다

칼집(연철제)

심플한 벚꽃문양이 들어간 세가네

자루는 상어 가죽이 감겨져 있다

칼집 입구 장식 부분에 주소가 붙어 있다

군도를 중시했던 일본 육군

다른 나라의 군대에서는 전차의 발달과 함께 기병이 쇠퇴하고, 병기로서의 가치를 잃은 군도는 야전에서 사용하지 않게 됐고 근무 때 패용하는 일도 없어졌다. 하지만 옛 일본군, 특히 육군은 보병에서 항공까지 장교 · 준사관(병종에 따라서는 부사관 · 병도 포함해서)이 전장에서도 군도를 휴대하고 있었다. 다만 이것은 실전 무기라기보다는 위엄과 사기 고무의 이유였을 것이다(장교는 사유물로 군장품, 부사관 · 병은 관급품으로 병기로 취급했다).

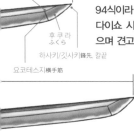

고시노기小鎬

후쿠라
ふくら

하사키/깃사키鋒先. 칼끝

요코테스지横手筋

일본 육군에서 군도가 제정 된 것은 메이지19년(1886)으로 그로부터 쇼와9년(1934)에 통칭 94식이라 불리는 타치太刀형 군도가 채용되기 전까지 세이버형 군도가 사용되었다. 메이지에서 다이쇼 시대에 걸쳐 사용된 세이버형 군도는 일본도의 제조방법으로 만들어진 도신을 하고 있었으며 견고하게 만들어졌다.

이후 쇼와 시대에 들어서면서 만주사변 그리고 중일전쟁으로 전쟁이 이어짐에 따라서 급격한 군비확장으로 군도의 수요도 늘어났다. 쇼와에 들어서 제정된 군도는 장교 · 준사관용만 하더라도 통칭 94식, 98식, 3식(쇼와18년에 채용된 간략화 된 군도) 등이 있었는데, 이것들은 육군복제에 따라 외장이 대체적으로 정해져 있었을 뿐, 도신에 대해서는 특별한 규정이나 언급이 없었다. 따라서 그 알맹이는 전통 일본도에서 쇼와도昭和刀를 비롯한 공업제품까지 여러 가지 군도가 존재했다.

덧붙여서 쇼와도란 기계가공으로 제작된 공업생산품으로, 전통 일본도 같이 접쇠 단조를 하지 않고 통쇠를 그대로 일본도 모양으로 성형해서 열처리를 한 완전기계생산품에서 일본도 같이 수작업 공정을 넣은 제품까지 여러 종류가 있었다. 하지만 시대가 흐르고 전국이 악화됨에 따라서 물자부족과 제조공정 간략화 등의 이유로 전자의 조악한 제품이 주류를 이루게 되었는데, 쇼와도가 전통 일본도보다 절삭력이 떨어진다는 평이 나온 것은 이 때문이었다.

▲▼쇼와9년 제정(통칭 94식)

세메가네責金

사야지리鞘尻/
이시즈키石突き

▼쇼와13년제정(통칭 98식)

▼육군 32년식 군도

이시즈키

▼양손 세이버형 군도

칼집(크롬 도금)

일본 육군의 군도 종류

일본식과 서양식의 절충이었던 군도에 고대의 일본도 디자인을 도입해 반태도존이라 하고 게다가 실전경험을 쌓아서 제작된 것이 쇼와9년(1934)에 제정된 통칭 94식이라 불리는 군도(장교·준사관용 군도로 관급품이 아니어서 정식으로는 ○○식이라 부르지 않는다). 한편 쇼와13년의 복장개정에 맞추어서 제정된 것이 통칭 98식이라 불리는 군도로 하이칸佩環, 패용 고리가 1개가 된 것 이외에는 거의 94식과 다르지 않았다. 일러스트는 98식을 야전사양에 맞게 맞춘 것.

32식 군도는 메이지32년에 제정된 관급품의 세이버형 사관·병용도. 기병용의 갑과 치중병용의 을이 있었고 갑은 을보다 도신 길이가 6.2cm 긴 83.6cm, 전장은 100.2cm였다. 갑은 종전까지 제조 됐다. 덧붙여서 쇼와12년경부터 기계화의 진행으로 기병연대가 수색연대로 편제가 변경되었지만 제3 및 제4 연대는 쇼와 20년까지 승마 편제가 유지되었다.

외장은 세이버형의 군도이지만 안은 일본도로 만들어져 있다. 손잡이는 일본도 같이 양손으로 잡을 수 있도록 크게 만들어져 있다. 일러스트는 위관용으로, 세가네(손잡이 등부분의 금속)의 모양도 심플하게 되어 있다. 장교·준사관용 세이버형 군도는 메이지19년에 제정되었다.

재군비로 태어난 전수방위의 군대
육상자위대

일본 육상자위대는 냉전기였던 1950년대 일본 국토방위를 위해 창설되었는데, 현재는 테러리즘과 영해를 둘러싼 문제 등에 대처할 것을 요구받고 있으며, 근년 들어 빈발하는 재해 구조 및 구호활동으로도 활약하고 있다. 육상자위관이 *착용하는 복장(전투복장 이외)에는 상장, 예장(제1종 예장·갑 및 을, 제2종 예장, 통상예장), 작업복장, 갑甲무장, 을乙무장이 있는데, 자위관이 근무 시에 통상 착용하는 제복을 상장이라 하며, 다른 나라의 근무복(서비스 드레스)에 해당한다. 상장에는 하복과 동복이 있고 하복은 얇은 원단을 사용하지만 기본 디자인은 같다. 하복에는 제1종, 상의를 착용하지 않고 와이셔츠와 타이뿐인 제2종, 반팔 와이셔츠에 타이를 착용하지 않은 제3종이 있다. 동복 상의 및 제1종 하복 상의에는 갑종 계급장 및 직종휘장, 방위기념장 등을 부착하지만 제2종 및 제3종 하복에는 포제 을종 계급장을 부착하며 직종휘장 등은 생략한다.

제1종 예장·을 차림으로 관열식 행진을 하는 간호학생. 조사組士, 부사관 및 병을 뜻할 제1종 예장 동복 또는 하복에 흰 장갑을 착용한다. 게다가 준 위원 이상의 간부는 상장에 예복용 계급장을 달고 제1종 예복·을로 한다. 여성용 상장은 짙은 녹색의 슈트상하, 슈트 밑에는 와이셔츠와 짙은 녹색의 타이를 착용, 검은 가죽 신발을 신고 정모를 쓴다. 상의는 남성용과 앞여밈이 반대이고 허리 부분에 조임이 들어간 ×형의 디자인으로 양 가슴 부분에는 포켓이 있고 양 허리 부분에 플랩이 붙은 슬랜트 포켓이 붙어 있다. 여성용의 상장에는 슬랙스와 스커트가 있고 스커트는 무릎까지 내려오는 세미타이트 스커트로 뒤쪽에 슬릿이 들어간다.

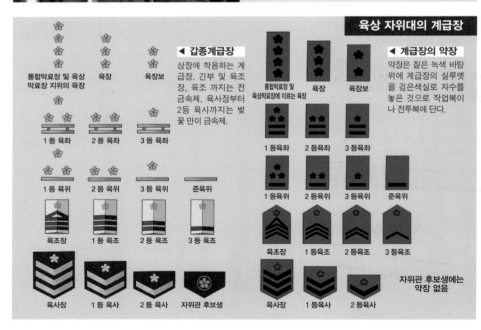

육상 자위대의 계급장

◀ 갑종계급장
상장에 착용하는 계급장. 간부 및 육조장, 육조 까지는 전 금속제. 육사장부터 2등 육사까지는 벚꽃 만이 금속제.

통합막료장 및 육상 막료장 지위의 육장	육장	육장보
1등 육좌	2등 육좌	3등 육좌
1등 육위	2등 육위	3등 육위	준육위
육조장	1등 육조	2등 육조	3등 육조
육사장	1등 육사	2등 육사	자위관 후보생

◀ 계급장의 약장
약장은 짙은 녹색 바탕 위에 계급장의 실루엣을 검은색실로 자수를 놓은 것으로 작업복이나 전투복에 단다.

통합막료장 및 육상막료장에 이르는 육장	육장	육장보
1등육좌	2등육좌	3등육좌
1등육위	2등육위	3등육위	준육위
육조장	1등육조	2등육조	3등육조
육사장	1등육사	2등육사	

자위관 후보생에는 약장 없음

*착용하는 복장=이 외에 특별 의장복, 연주복 등이 있지만 일반 대원은 착용하지 않는다.

육상자위관의 상장(동복)

일러스트는 상장(동복)을 착용한 육자보통과 3좌(중앙즉응집단 휘하 제1공정단 본부소속).

❶모장(벚꽃을 잎과 봉우리로 둘러싼 모양. 간부 및 육조와 육사장 이하는 디자인이 서로 다르다), ❷정모(준 육위 및 3등 육위이상의 간부는 금색 턱끈, 육사장 이하 조사는 검은색의 턱끈이다. 또한 3등 육좌이상은 차양 정면에 일명「스크램블 에그」라 불리는 벚꽃과 벚꽃잎의 금색 자수가 들어간다), ❸계급장(3등 육좌. 간부는 상장인 동복 및 하복의 숄더 스트랩 부분에 갑종계급장을 단다), ❹직종 휘장(보통과), ❺부대장(중앙즉응집단), ❻상장 상의(일러스트는 91식 동복, 울 원단이며 앞여밈 및 가슴 포켓 플랩의 금속제 버튼에는 부조로 된 육상자위대 마크가 들어가 있다), ❼상장슬랙스, ❽검정 가죽 구두(상장착용시의 구두는 검은 반목 구두 또는 단화로 정해져 있다), ❾검정 장식 띠(간부만), ❿특수작전 휘장(특수작전 자격을 지닌 것을 나타낸다. 자위대 시설 내 및 특수작전군장이 필요하다고 인정한 경우만 부착할 수 있다), ⓫방위기념장(직무대행의 공적이나 경력, 보직을 기념한 것. 착용자가 외국 근무나 외국 훈련경험자인 것 등을 알 수 있다), ⓬레인저 휘장(갑) ⓭공수휘장, ⓮슈트 밑에는 흰색 와이셔츠와 짙은 녹색 타이를 착용.

상장 상의 ▶

칼라 형태가 ❶세미 피크드 라펠로 단추가 한 줄인 재킷. 어깨부분에 탈부착 가능한 ❷숄더 스트랩이 달렸고 간부는 계급장을 부착한다. 양 가슴부분에는 슬릿이 들어간 ❸플랩 붙은 패치 포켓, 양 허리부분에 ❹플랩 붙은 슬릿 포켓이 달려 있다. 각각 포켓 사이에는 ❺웨스트 심이 들어간다. 일러스트는 동복 상의이지만 제1종 하복 상의도 디자인은 같다. 또 간부, 조사 모두 상장의 기본 디자인은 같고 계급장과 휘장의 부착 방법에 차이가 있을 뿐이다. ❻예장용 계급장 탈 부착 루프

◀ 상장 슬랙스

상의와 같은 원단으로 옷단으로 갈수록 점점 가늘어지는 실루엣을 가진 테이퍼드 슬랙스에 가까운 모양. 허리 둘레에 여유를 둘 수 있도록 플리츠Pleats가 들어가 있다. ❶벨트 루프, ❷힙 포켓을 잠그는 버튼 탭, ❸플리츠 ❹포워드 포켓

육상자위대의 각종 휘장과 상장에의 부착법

간부후보자 휘장

간부후보자로 지정 된 육자자위관이 착용

(갑)   (올)

육조후보자 휘장

육조후보자에 지정된 육자자위관이 착용. 일반 육조후보학생 및 간호학생은 갑장. 그 외에는 올장을 단다

▼ 간부용상장의 각종 휘장 부착 위치

사격 휘장, 특수작전 휘장 등

직종 휘장

계급장(3등육위~육상 막료장에 이르는 장관 및 준육위)

기능을 식별하는 기장류

방위 기념장

▼ 육조 및 육사용 상장의 부착위치

계급장 (육조~육조장)

간부후보자장

육조후보자휘장

직종휘장

부대장

항공 휘장레인저 휘장공정 휘장 스키 휘장 등의 기능 식별 휘장

영내반장 휘장

계급장 (육사~육사장)

방위 기념장

사격휘장, 특수작전 휘장 등

정근장

간부의 제복(상장)에는 소매 부분에 검은색 장식 띠(장관은 굵은 띠)가 달린다

육사 및 육사장   **육조 및 육조장**

(올)   (올)

(갑)   (갑)

◀ 정근장

정근장은 육조장 및 육조는 1년 이상. 육사장 이하는 6개월 이상 정근하고 계고 이외의 징계 처분을 받지 않은 사람 중에 선발된 인원에 수여된다.

대원이 착용하는 옷에는 계급장과 부대장, 직종휘장, 기능 보유자인 것을 나타내는 휘장, 방위기념장 등이 부착된다. 하지만 장착방법은 각각 복장에 따라서 정해져 있어서, 가장 많은 종류의 휘장을 부착 하는 것이 제복이며 근무복인 상장이다. 위 일러스트는 그 상장에 부착하는 위치를 나타낸 것으로 계급에 따라 일부 휘장 종류의 부착 위치가 다르다.

부대장

착용자가 소속된 부대나 기관을 나타내는 것으로 상장 동복 및 제1종 하복 상의의 오른쪽 소매 팔 부분에 부착하도록 정해져 있다.

약 6cm

약 7cm

사단 등 표식

사단 마다 정해진 심볼 마크가 그려져 있다. 일러스트는 하늘색 바탕에 흰색 낙하산과 금색 날개를 넣은 제1공정단의 것

병종 표식

부대 종류를 색으로 나타낸 것 일러스트 같이 같은 사단표식이라도 적색은 보통과를 남색은 사령부를 나타냄

육상자위대 정모 모장

▼ 간부 · 육조용

▼ 육사장 · 육사용

정모에 부착하는 휘장. 간부·육조용은 간부(준육위 및 3등육위 이상)과 육조(3등 육조에서 육조장까지)가 쓰는 정모에 부착하는 모장. 모자와 같은 색 천에 금색 자수가 들어가 있다. 육사장·육사용은 육사장 이하의 자위관이 쓰는 정모의 모장으로 금속제.

육자대 각종 휘장

스키휘장(상급지휘관)

스키휘장(부대지휘관)

스키에 따른 기능검정으로 정해진 기준 이상의 성적을 이수한 육자자위관이 착용한다

사격휘장(특급)

사격휘장(준특급)

사격에 따른 기능검정으로 정해진 기준 이상의 성적을 이수한 육자자위관이 착용. 성적에 따른 특급과 준특급의 휘장이 정해져 있다

레인저 휘장(갑)

레인저휘장(을)

레인저 또는 공정레인저의 교육훈련을 사료한 육자자위관 및 항공자위관이 착용. 레인저의 교관은 금색 갑장을 착용할 수 있다

특수작전휘장

특수작전 교육 훈련 수료자 또는 그것과 동등한 기능을 가진 것이 인정된 육자위관이 착용

공정휘장

공정기본훈련과정 교육훈련을 수료한 육상자위대 자위관이 착용한다. 또 같은 교육훈련을 수료한 항공자위대의 강하구난원에게도 수여 된다

항공휘장(조종사)

항공휘장(항공사)

조종사나 항공사 등, 항공종사자 기능증명을 가진 육자위관이 착용한다

영내반장휘장

복무규정에 의해 영내반장으로 임명된 자가 착용

보통과

특과(야전특과)

특과(고사특과)

기갑과

정보과

시설과

항공과

통신과

무기과

위생과

군수과

운송과

회계과

화학과

경무과

음악과

직종휘장

직종휘장은 일본 육상자위대 독자의 것으로 타국의 병과휘장에 해당한다. 휘장은 육자의 16개 직종 각각을 나타내고 있다. 각 휘장은 직종 특징이나 장비 등을 이미지 한 디자인으로 되어 있고 금색의 금속으로 되어 있다. 직종휘장은 대원의 전문 분야에 대한 긍지를 가지게 하고 각 대원의 직종을 한눈에 식별 가능하게 하기 위해서 헤이세이 6년(1994)에 제정됐다. 상장에서 착용하고 부착 위치는 상의 밑 칼라 부분으로 정해져 있다.

새로워진 육상자위대 보통과대원의 전투복장

육상자위대의 기본이 되는 병과는 보통과(보병)으로, 보통과 최대 규모의 부대는 보통과 연대이며 그 전투 단위가 되는 것이 중대인데 전형적인 중대 편제는 중대 본부, 3~4개의 소총소대, 박격포소대(L16 81mm 박격포 장비), 대전차소대(87식 대전차유도탄 장비)로 되어 있으며, 중심이 되는 것은 소총소대이다. 소총소대는 소대본부를 중심으로 3~4개의 분대로 편제되며, 정원은 30명 전후이다.

구형 미채전투복과 장비

1970~80년대 보통과 대원의 장비. ❶66식 철모(미군의 M1 헬멧을 참고하고 일본 국산화한 헬멧. 철제 셀과 수지제 라이너의 이중구조이다), ❷서스펜더, ❸위장복(65식 작업복과 같은 디자인에 위장무늬를 넣은 모습. 냉전시대였던 당시, 얼룩 조릿대 숲이 많은 홋카이도에서의 전투를 상정하여 고안했다고 한다. 소재는 목화와 비닐론의 혼방, 상의 앞여밈은 지퍼식이었다), ❹휴대 야전삽피, ❺총검(64식 소총용), ❻탄입대, ❼전투화, ❽피스톨 벨트, ❾64식 7.62mm소총

◀ 육자전투복장 (일반용)

육자전투복장을 착용한 보통과대원. 육자대원이 각종 훈련과 작업, 실제 전투에서 착용하는 것이 전투복장(을무장*). 보통과를 시작으로 일반대원에게는 전투장착세트라 불리는 야전용 개인장비품이 지급되고 있다. 전투장착세트는 철모, 전투복, 벨트 키트, 전투화, 전투방탄 조끼외에 전투배낭, 전투장갑, 방한전투복 외·내의 상하, 전투우의, 전투잡낭, 반합 등으로 구성되어 있다.

❶88식 철모, ❷서스펜더, ❸미채복 2형 상의(일본의 지형과 사계를 고려해서 디자인 된 미채 패턴으로 근거리에 따른 은닉성이 높고 난연성으로 근적외선 위장 기능을 가진다), ❹수통, ❺탄입대(89식 소총 30발 탄창 1개가 들어감), ❻미채복 2형 바지, ❼전투화 1형(반장화), ❽탄띠(피스톨 벨트), ❾총검(89식 소총에 장착한다. 칼집과 맞추면 와이어 커터도 된다), ❿야전삽피(접이식 야전삽이 들어간다), ⓫89식 5.56mm소총

❷~❿(❻❼을 뺀)로 벨트 키트를 구성한다. 벨트 키트는 1990년대 초 미채복 2형(1992년 가을부터 본격적으로 도입)과 동시기에 제식채용 됐다. 덧붙여서 전투복장 등의 장비품이 크게 달라지기 시작한 것은 1990년대 초 부흥지원과 PKO(유엔평화유지활동)로 자위대의 해외파견이 이루어지게 된 때부터이다.

육자 보통과 연대 소총분대 기관총수

육상자위대 보통과 연대 편제의 최소단위인 소총분대는 분대장, 부분대장, 소총수3명, 기총수1명, ATM(대전차유도탄)수 1명으로 구성되어서 89식 5.56mm소총 및 5.56mm기관총 미니미를 장비하고 있다. 미니미는 89식 소총과 같은 5.56×45mm NATO탄을 사용하기 때문에 7.62mm탄을 사용하는 기관총과 비교하면 위력이 부족한 것은 사실이지만 89식보다 유효사거리가 길고 연속해서 화력을 집중 할 수 있다.

일러스트는 보통과 연대 소총분대의 기관총수. 시가전을 상정한 장비를 착용한 모습이다.

❶88식 철모, ❷방탄 조끼 2형개(2003년도 예산으로 조달된 방탄복으로 세라믹 플레이트의 삽입이 가능), ❸미채복 3형(전투복일반용) 상의, ❹전투패드(시가전용 팔꿈치 보호구), ❺전투탄 케이스, ❻전투 수통 및 수통 덮개, ❼덤프 파우치(탄피를 넣는 주머니지만 장비품을 넣는 잡낭 대신 다용도로 사용되고 있다), ❽미채전투복 3형(전투복 바지), ❾전투 패드(무릎 패드), ❿전투화 2형, ⓫5.56mm기관총 미니미, ⓬전투구급품 주머니(긴급 시에 누구라도 알 수 있도록 부대전체에서 장착 위치가 정해져 있다)

▼ 88식 철모

1988년에 채용된 케블라제 헬멧으로 미군의 프리츠 헬멧과 비슷한 모양을 하고 있다. 일본인의 머리모양에 맞추어서 설계되어 있어서 안정감이 좋고 장시간 착용해도 피곤하지 않다. 내피와 턱 끈의 탈착은 벨크로로 간단하게 이루어지도록 고안되었다. 사이즈는 특대, 대, 중, 소 4사이즈. 위장 커버를 덮어서 사용한다.

▼ 전투방탄조끼 2형(개량형)

1992년에 자위대가 처음으로 도입한 방탄복이 전투방탄조끼였다. 미군의 PASGT와 비슷한 디자인이지만 사격 시에 어깨를 보호하기 위해서 오른쪽 어깨 패드를 대형화하는 등 독자적인 고안이 들어가 있다. 그리고 그 개량형이 바로 방탄조끼 2형으로 장비 장착용 웨빙 테이프가 붙어 있으며, 세라믹 플레이트를 삽입해서 내탄효과를 높일 수 있다. 2012년부터는 전투방탄조끼 3형의 조달이 시작되었다.

그 외의 전투복장과 개인용 방호장비

육상자위대원이 착용하는 전투장착세트로 구성된 전투복장(일반용)이외에도 전투복장(장갑용), 단차복장, 전투복장(공정용), 전투복장(항공용)등의 직종 또는 임무 등에 따라서 착용하는 복장이 있다.

또 NBC병기(핵, 생물, 화학병기 등의 대량 파괴병기)에 대처하기 위해서 장비품으로서 비치된 개인용 방호장비 등도 있다.

사진은 오토바이에 탄 정찰대 대원. 적의 세력권에 침투하여 그 위치나 규모 등의 정보를 수집, 아군에게 보고하는 것이 정찰대의 임무. 사단·여단의 직접 명령에 따라 오토바이나 도보 등으로 임무를 맡는다. 정찰대원이 착용하는 복장은 단차복장으로 오토바이 헬멧, 오토바이복, 오토바이 장갑 등으로 구성된다. 사진의 대원은 오토바이 헬멧에 전투복장·일반용 상하의를 착용하고 있다. 오른쪽 사진의 대원이 쓰고 있는 헬멧에는 미채 커버가 씌여있는데, 잘 보면 주행 때 무선통신이 이루어지도록 붐 마이크를 붙이고 있는 것을 알 수 있다.

장갑차모 ▶

- 셀
- 고글
- 헤드셋을 장비한 장갑차모의 본체
- 붐 마이크
- 헤드폰

전차나 자주포, 장갑차 등의 전투차량 승무원이 착용하는 것은 전투복장(장갑용)이다. 특징은 전용 헬멧, 전투복, 장갑, 부츠를 착용하는 것. 장갑차모라 불리는 헬멧은 돌기물이 많은 차안에서 머리 부분을 보호하기 위해서이다. 또 승무원끼리의 커뮤니케이션을 위해서 헬멧에는 헤드셋(헤드폰과 붐 마이크)의 통화장치가 붙어 있다. 착용하는 전투복은 소재에 폴리아미드와 난연성 레이온을 소재로 사용해 단시간(차안에서 화재가 일어났을 때 탈출하기까지의 최소한의 시간)이나마 착용자를 지켜준다. 또 부츠도 탈출 시, 무언가에 다리가 걸렸을 경우에도 곧바로 벗을 수 있도록 고안되어 있다. 사진은 전투복장(장갑용)을 착용한 장갑차 승무원.

(Photos:일본 육상자위대)

육상자위대의 개인용 방호장비

일러스트는 00식 개인용 방호장비를 착용한 화학방호대의 정찰대원(NBC공격을 받았을 때 오염 원인을 찾아내는 것이 주 임무. 개인용 방호장비는 NBC병기가 사용될 가능성이 있는(또는 사용 된)장소에서 활동하기 위한 장비로 헤이세이 13년(2001)부터 배치되기 시작됐다. 방호의 상하와 머리 부분에서 앞가슴까지를 덮는 마스크 후드, 방호 부츠(고무 부츠), 고무 장갑과 땀흡수 장갑, 00식 방호 마스크(방독면)등으로 구성되었으며, 유독가스나 코아세르베이트, 공기 중을 부유하는 미립자상의 화학약제나 병원미생물, 방사성 오염물질로부터 착용자의 전신을 방호한다(하지만 화학방호대가 사용하는 화학 방호의 만큼 안전하지는 않다). 방호의는 외층부에 난연성으로 발수성이 높은 섬유를 사용하고 본체 부분에는 오염물질을 흡착시키는 섬유상 활성탄을 짜넣은 특수소재를 사용해서 내부의 방습성도 고려했다. 이것으로 방호장비 착용시 장시간 작업이 가능해 졌지만 입고 벗기가 쉽지 않아서 전용 종이 기저귀가 준비되어 있다. 총중량은 약 7.7kg.

❶00식 방호 마스크 및 후드, ❷방호의 상의(앞여밈은 벨크로로 잠금식으로 옷단 부분은 고무 조임으로 되어 있다), ❸고무장갑(땀 흡수 장갑 위에 착용), ❹탄띠 및 구급 주머니, ❺방호의 바지(바지는 멜빵으로 몸에 고정), ❻방호 부츠(보통 전투부츠를 신은 뒤에 장착한다), ❼89식 소총, ❽88식 철모. 또 NBC병기로 오염된 보호의나 가스 마스크 등은 사용 후에는 신중하게 취급해야만 한다. 2차 오염을 불러일으킬 위험성이 높기에 사용한 가스 마스크나 방호의는 물이나 세제로 세정해서 재사용하거나 모아서 처분하도록 되어 있다(매뉴얼에 따라 다르다).

00식 방호마스크 ▶

화학방호의 4형과 개인방호장비로 사용된 00식 방호 마스크. 고무로 된 마스크 본체와 정화통(공기 중의 유독 물질을 흡착 여과하는 필터)으로 구성되어 있다.

◀ 방호 마스크 후드

마스크 후드는 방호 마스크를 착용한 위에 착용한다(마스크의 렌즈 부분 및 캐니스터 부분을 후드의 구멍 밖으로 빼낸다). 후드의 소매 및 옷단 부분은 고무 조임 방식으로 착용시에는 몸에 밀착 할 수 있도록 고안되어 있다. 후드는 방호의와 같은 소재가 사용되어 있다.

중국인민해방군 육군

중국 인민해방군은 중국공산당의 군대이며 중국공산당 중앙군사위원회가 최고 군사지도 기관으로 지휘권을 쥐고 있다. 육군·해군·공군·제2포병부대(전략미사일을 운용하는 로켓군), 전략지원부대로 되어 있으며, 준군사조직인 *무장경찰부대가 있다.

인민해방군의 군복은 건국초기의 인민복을 베이스로 한 50식, 소련군을 모방한 계급제도가 도입 되어서 계급장과 예복, 전투복의 구별이 도입된 55식, 계급을 폐지하고 복장 구별을 없앤 65식 등 시대마다 지도부의 영향을 크게 받아 왔다. 머지않아 문화대혁명이 끝나고 중국-베트남 전쟁의 패배를 지나 1980년대에 들어서 군의 근대화가 시작되고 계급제도도 부활했다. 도한 여기에 맞추어 군복도 85식, 87식, 99식으로 제복부터 전투복까지 개선이 이루어졌다. 2000년대의 05식, 07식을 보면 디자인적으로도 서방권의 군대와 비교해도 손색이 없다. 인민해방군의 군복은 색이 각 군에 비해서 다르지만 기본적인 디자인은 일부를 빼고 공통이다.

[오른쪽 위] 및 [왼쪽 위]는 육군 정복을 착용한 장교. 2007년에 인민해방군은 식전용인 의례복, 근무용인 제복(하계용, 동계용), 위장전투복 등을 완전히 바꿨다. 이것을 모두 07식 군복이라 부르고 있다. 육군 제복은 파인 그린색의 정모와 제복 상하, 검정 단화, 옅은 그린의 와이셔츠와 타이로 구성된다(무장경찰 제복도 육군과 공통이지만 장착하는 휘장 종류가 다르다). 남성용 상의과 슬랙스 조합으로 상의은 단추가 한 줄로 남녀 반대다. 남성용 상의은 어깨 폭이 넓은 T형으로 되어 있고, 흉부와 양 허리 부분에 플랩이 붙은 패치 포켓이 붙었다. 여성용제복은 가슴 포켓이 없고 허리둘레를 조인 X형의 디자인. 여성용은 상의과 슬랙스 및 스커트 구성. 상의의 칼라에는 금속제로 잎와 별을 조합한 금장(디자인 자체는 부사관·병용과 같다). 왼쪽 가슴(남성용제복에는 왼쪽 포켓 위에 붙이지만 여성용은 포켓이 없지만 거의 같은 위치)에는 육군의 가슴 휘장을 단다. 정모는 남녀 다르지만 장교, 부사관, 병은 공통 디자인. 하지만 장교는 잎을 배치시킨 자수가 남성용은 차양에, 여성용은 모자 밴드 부분에 단다(장관은 금실 자수, 대교에서 소위까지 횐실 자수).

[오른쪽]은 디지털 패턴 위장의 07식 전투복. 우드렌드 위장 외에 산악지용, 해안지대용 등 몇 개의 패턴이 있다(위장 패턴에 관해서는 겨울용, 여름용 등으로 설명하는 문헌도 있고 정확한 것은 불명확). 칼라에 계급장을 달고 있다. 또 인민해방군의 전투복에 위장이 채용된 것은 81식 위장전투복부터였다.

인민해방군 육군 기계화 보병의 장비

일러스트는 인민해방군 육군의 기계화보병 장교(중위). 2007년 이후에 채용된 개인장비를 착용하고 있다.

❶프리츠형인 QFG02헬멧(인민해방군이 홍콩에 파견된 1997년부터 채용. 초기형은 케블라제가 아니었으나, 현재 사용되고 있는 QFG02 및 QFG03은 케블라제다. 모양은 미군에 비해서 완만한 느낌), ❷디지털 패턴 위장인 07식 전투복(이전 05식에서는 소매부분에 고무 밴드가 들어 있어 몸에 밀착시킬 수 있었으나, 07식은 오픈 칼라에 4포켓 스타일로 바뀌었다), ❸06식 휴대도구(미군의 MOLLE와 같이 웨빙 테이프가 부착된 나일론 제 베스트에 각종 파우치류를 장착, 휴대할 수 있게 된 개인 전투장비. 백팩 등도 준비되어 있다), ❹QBZ-95/97 돌격 소총(불펍형. 중국 독자 규격인 5.8mm×42탄을 사용한다. 가스압 방식으로 전장 76cm, 장탄수는 30발), ❺다목적 파우치, ❻07식 전투복 하의(6포켓 카고 팬츠식. 양 다리 대퇴부분의 포켓은 대형 카고 포켓), ❼무릎 패드, ❽컴뱃 부츠, ❾수통(지위대에서도 사용되고 있는 타입), ❿팔꿈치 패드, ⓫탄창 파우치, ⓬디지털 휴대 무전기(지휘관만 휴대), ⓭계급장(2007년의 개정 이후, 전투복에는 칼라에 포제 계급장을 붙이게 되었으며 탈부착이 쉽도록 칼라에는 벨크로가 붙어 있다).

인민해방군 육군의 계급장
(1998~2009)

장교(장관 · 좌관 · 위관)

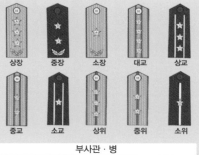

상장	중장	소장	대교	상교
중교	소교	상위	중위	소위

부사관 · 병

학원	육급사관	오급사관	사급사관	삼급사관

이급사관	일급사관	상등병	예병

장교의 계급장에는 녹색과 노란색 바탕이 있다. 녹색(연견장)은 제복과 전투복에 노란색(경견장)은 식전용 예복에 부착한다. 실제로는 노란색 쪽이 약간 크다.

해외 격전지에 투입되는 "선봉대"
미합중국 해병대

[오른쪽] 흰색 정모에 검정색 드레스 재킷, 흰 슬랙스를 착용한 의장대의 부사관. 상의는 세운 옷깃식, 숄더 스트랩, 앞여밈 부분에 붉은 파이핑이 들어간 재킷으로 소매 부분에는 장식 커프 패치가 달려 있다. 사진의 드레스 재킷과 흰 슬랙스 구성의 예복은 블루 화이트 드레스 A라 불리는 것으로 이전에는 의장대만이 착용하는 제복이었지만 2000년 이후는 일반 장교 부사관·병의 하계용 예복이 됐다. 붉은 선이 들어간 블루의 슬랙스와의 구성인 블루 드레스 A 및 B 쪽이 예복으로서는 유명하다.

[중간] 장교용 화이트 드레스 A. 장교용 예장은 붉은 파이핑이나 소매 장식이 없는 검정 재킷과 흰색 슬랙스로 구성된다. 블루 드레스나 화이트 드레스의 A와 B의 다른 점은 훈장을 패용하는지 안하는지에 달렸다. 왼쪽 가슴에 훈장을 패용할 경우는 A, 약장을 부착할 경우는 B가 된다. 또 장교의 예장에는 샘 브라운 벨트를 한다.

[위] 2013년에 전투지역으로 여성의 배치 제한이 없어진 것에 기인한 것과 같이 미군에는 군내 성차별 완화를 목표로 여러 가지 개혁이 이루어지게 됐다. 해병대는 여성 장병의 제복을 더욱 유니섹스한 스타일로 만들 계획이다. 사진에서는 오른쪽 여성이 구형 여성용 드레스 재킷을 착용했지만 정모는 남성용과 같다. 또 왼쪽 여성은 재킷도 남성용과 같은 디자인으로 되어 있다. 2014년부터 시험 운용이 시작됐다고 한다. 또 해병대에는 보통 근무에 착용하는 모스그린의 정복이 있다.

미합중국 해병대는 약 18만 7,000명의 장병으로 구성되므로 미합중국의 타 군과 비교했을 때, 비교적 작은 군사조직이다. 군정·부대 관리는 해군의 감독 하에 있지만 군령 면에서는 독립된 군으로, *해외파견 전문 긴급전개부대로 항상 격전지에 투입된 해병대원은 용맹과감하며 소수정예라는 의식이 대단히 강하다.

미 해병대는 해군과 친밀한 연대 아래 행동하지만, 독자적인 항공부대를 보유하고 있어, 수륙양용전 및 지상전용 기재나 병기(육군과 같은 주력 전차도 보유)를 운용하며, 육해공군의 모든 기능을 갖춘 군대이다.

미 해병대의 계급장

대장	중장	소장	준장

대령	중령	소령	대위	중위	소위	5호 준위	4호 준위	3호 준위	2호 준위	1호 준위

해병대최선임원사	원사 관리직	원사 전문직	상사 관리직	상사 전문직	중사	하사	병장	상등병	일등병	이등병

*해외파견전문=미합중국 해병대의 임무에 미합중국 본토의 방위는 포함되지 않는다.

해병대의 전투개인장비

일러스트는 2010년경, 아프가니스탄 등에서 활동해 온 해병대의 컴뱃 메딕(소대나 분대단위 작전행동에 수행하는 의료대원)의 장비. 지금에 와서는 의료대원도 무장하고 있기 때문에 언뜻 보기에는 다른 병사와 구별이 가지 않는다. 디저트 패턴의 MARPATMARine PATtern, 해병대 위장전투복에 2009년부터 지급이 시작된 MTVModular Tactical Vest를 착용. 의료용 가위 등 빈번히 사용되는 의료용구는 MTV 웨빙 테이프로 직접 장착하고 있다. 등에는 메디컬 팩이나 하이드레이션 시스템을 장착하고 있기 때문에 컴뱃 메딕은 중장비다.

MTV는 당초 이라크 및 아프가니스탄에 작전을 펴는 부대에 우선적으로 비치 되어 왔다. 육군인 IOTV와 아주 비슷한 구조로 장비품을 휴대하기 위한 택티컬 베스트와 모듈 식 방탄복 기능을 함께 갖추었다. 하지만 여성이나 체격이 작은 남성에게는 사이즈적인 문제가 있어서 보다 몸에 딱 맞춘 IMTVImproved Modular Tactical Vest가 개발되어, 2013년부터 보급이 이루어지고 있다.

한편 MTV와 동시기에 SPCScalable Plate Carrier도 시험적으로 지급되었다. MTV에 비해서 경량으로 쾌적하며 어깨나 겨드랑이 부분의 방호면적이 약간 적지만 기능적으로는 양호해서 본격적으로 채용되었다. 그리고 IMTV와 거의 동 시기부터 SPC의 후속이 된 MCPCMarine Corps Plate Carrier가 지급되고 있다.

❶암시장치 마운트, ❷고글, ❸헬멧(LWH), ❹방호용 선글라스, ❺MTV, ❻의료용 가위, ❼핸드 그레네이드(수류탄), ❽탄창 파우치, ❾하이드레이션 시스템, ❿탄창 파우치, ⓫유틸리티 파우치, ⓬ACOG(주야 겸용 조준 사이트TA31RCO), ⓭AN/PEQ2 적외선 레이저 사이트, ⓮M16A4 돌격소총(M16A2를 베이스로 총몸 윗부분에 피카티니 레일을 추가, 운반 손잡이를 탈착식으로 바꿨음. 3점사와 전자동 사격이 가능), ⓯플래쉬 라이트, ⓰디저트 패턴인 MARPAD, ⓱사막화, ⓲구급낭

박격포 사격훈련을 하는 해병대원. 우드랜드 패턴의 MARPAT를 착용, 그 위에 최신 플레이트 캐리어(소형 방탄복)MCPC를 붙이고 있다. MCPC는 IMTV 방탄복과 함께 사용되고 있다. 육군의 SPCS나 IOTV와 같이 총격전에서는 MCPC, 포격을 당하는 등 더욱 위험한 전투에서는 IMTV를 쓰는 식으로 상황에 따라서 사용된다. 쓰고 있는 헬멧은 LWH.

▼ ECH

ACH의 항탄 능력을 보다 향상 시켜서 소총탄의 직격에도 견딜 수 있는 신형 헬멧이 ECH(강화전투 헬멧). 육군의 ACH, 해병대의 LWH가 이 헬멧으로 바뀌었다. ECH의 소재는 초고분자량 폴리에틸렌섬유, 외견적으로는 ACH와 같지만 훨씬 두꺼운 셸을 사용한다.

해병대 헬기 승무원의 장비

해군 및 해병대에서는 AEAircrew Endurance 프로그램을 기반으로 헬리콥터 승무원을 위한 여러 가지 장비의 연구·개발을 진행하고 있다. 이것은 가혹하고 장시간의 미션에 종사하는 헬리콥터 승무원의 육체적 피로나 스트레스를 줄이고 나아가서는 생존성을 향상 시키는 것을 목적으로 하기 위한 것. 이 프로그램으로 서바이벌 베스트 CMU-37/P, CMU-39/P나 CSELCombat Survivor Evader Locator시스템 등이 채택되었으며 일선 보급이 진행 중이다.

◀ 전투 헬기 파일럿의 장비

일러스트는 AH-1Z 바이퍼 전투 헬기 승무원의 장비. TopOwl 헬멧에 마운트 된 조준·표시시스템으로 비행정보나 암시장치/적외선 영상장치의 영상을 바이저에 투영할 수 있기 때문에 24시간 비행이 가능하다. 또 조준·표시시스템은 조종사 및 사수의 시선과 AH-1Z의 기수 아래의 개틀링 포를 연동시키는 조준사격도 할 수 있다.

❶조준·표시시스템 탑재 TopOwl 헬멧, ❷CWU-33/P22P-1B서바이벌 베스트, ❸CWU-27P플라이트 슈트, ❹HABD Helicopter Aircrew Breathing Device, 해상 불시착 때 사용하는 긴급탈출용 산소호흡장치, ❺열대용 비행화, ❻LPU-34/P라이프 프리저버(구명 부유대)

GPS를 내장한 탐색구난용 무전기 CSEL시스템

[오른쪽] CMU-38/9를 착용한 UH-1Y 다용도 헬기의 승무원.
[왼쪽]CWU-37/P를 착용한 AH-1W공격 헬기의 승무원. 신형 서바이벌 베스트에는 2개의 버전이 있어서 둘 다 원래의 CWU-33/P22P-1B등보다도 경량화 되어서 탄환이나 포탄의 파편에서 착용자를 보호하는 기능을 가지고 있다.

임전태세의 북한과 대치 중인
대한민국 육군

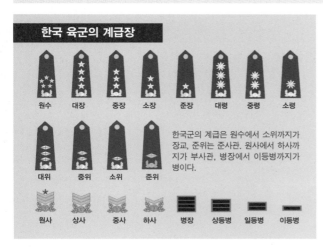

한국 육군의 계급장

원수	대장	중장	소장	준장	대령	중령	소령

대위	중위	소위	준위

한국군의 계급은 원수에서 소위까지가 장교, 준위는 준사관. 원사에서 하사까지가 부사관, 병장에서 이등병까지가 병이다.

원사	상사	중사	하사	병장	상등병	일등병	이등병

상비군 약 50만 명, 예비군 약 320만 명의 병력을 보유한 한국 육군은 1948년에 조선경비대에서 한국 육군으로 개편된 것을 시작으로 하며 창군 70주년을 눈앞에 두고 있다. 2000년대 초, 미합중국이나 영국 등에서 발표한 평가에 따르면 한국은 중국, 인도에 이어 아시아 3위의 군사력을 지닌 것으로 알려졌으나 그 전력은 육군에 편중되어 있는 편이다.

전차나 자주 곡사포 등, 중장비의 개발 및 국산화에 적극적이었던 것과 달리 보병 장비의 개선에는 상대적으로 소극적이었으나 2010년대 들어 다양한 움직임을 보이고 있다.

프리츠형 방탄 헬멧을 쓰고 디지털 위장 패턴의 전투복을 착용한 한국군 병사(사진은 해병대). 현재 사용하고 있는 헬멧은 2004년에 개발된 것으로 한국 국방부의 실험에 따르면 미군 헬멧은 M-16 통상탄을 막지 못했지만 한국군 헬멧은 막아냈다고 한다(단, 여기에는 반론도 있다). 5색의 디지털 위장 패턴의 전투복은 2010년부터 채용. 한반도의 식생을 고려해서 흙·침엽수·덤불·나무 줄기·목탄 색을 디지털 패턴화 시킨 위장은 효과가 높다고 한다. 옷의 소재는 폴리에스테르와 면의 혼방제로 앞여밈은 지퍼식. 사진은 퍼레이드 모습이어서 방탄복을 착용하지 않았으며, 서스펜더에 피스톨 벨트의 구성으로 탄입대를 착용하고 있다(한국군에서는 디지털 위장 패턴 방탄복도 사용되고 있고 셀 부분에는 파우치 종류를 부착하기 위한 PALS 같은 웨빙 테이프가 붙어 있다). 병사의 등 뒤로 보이는 소총은 5.56×45mm NATO탄을 사용하는 한국산 K-2 돌격 소총.

The MILITARY UNIFORMS of the World
"NAVAL FORCES"

제2장
해군

인류가 처음으로 만들어낸 탈것은 바로 선박이었다.
역사상의 모든 사물이 그러하듯, 선박 또한 전쟁의 도구로 쓰였고,
이윽고 수상과 수중에서의 전투를 전문으로 하는 「해군」이 출현했다.
대부분의 면적이 바다인 행성에 사는 인류인 만큼, 해군의 존재는
어쩌면 너무도 당연한 일이라고도 할 수 있을 것이다.
그리고 어느 나라에서건 해군에는 육군과 다른 독특한 기질이 있는데,
이러한 점은 군장의 세계에서도 예외가 아니었다.
제2장에서는 각국 해군의 유니폼에 대하여 해설하고자 한다.

세계의 바다로 나아가는 현대 최강의 해군
미합중국 해군

세계 제1위의 해군력을 자랑하는 미합중국 해군의 제복에는 예복·근무복·작업복·전투복 등 여러 종류가 있다. 그 중에서도 드레스 블루와 드레스 화이트는 미합중국 해군이 등장하는 영화나 드라마에 등장하는 장교*들이 입고 있는 익숙한 제복이다.

해군의 제복이라면 영국 해군이 하나의 표준으로 영연방을 비롯한 각국의 해군 제복에 영향을 주고 있다. 그리고 또 하나의 표준은 미합중국 해군이다. 일본이나 한국도 큰 영향을 받았다.

하계·열대용 근무복 서머 화이트를 착용한 해군 소령. 서머 화이트는 장교와 준위, 원사 이상의 부사관이 착용한다. 흰색 반팔 오픈 칼라 셔츠, 같은 색의 슬랙스, 벨트, 흰색 가죽 구두로 구성되고 셔츠 밑에는 흰색 T셔츠를 착용. 장교는 드레스 화이트와 같은 견장(계급장)을 부착하지만 원사 이상의 부사관과 준사관은 칼라에 금속제의 계급장을 단다. 사진의 장교는 소령 견장을 달고 왼쪽 가슴에는 해군 전투 비행 요원임을 나타내는 자격휘장과 훈장 약장을 부착하고 있다. 착용한 셔츠에는 밀리터리 클레이시스(좌우 포켓의 플랩 꼭지점에 접는 선이 들어간다)라 불리는 독특한 다림선이 들어가 있다.

[오른쪽] 풀 드레스 화이트를 착용한 해군 대령. 상의 오른쪽 가슴에 ⓐ수상전투함사령관을 나타내는 자격장, ⓑ유닛 어워드(부대 표창), 왼쪽 가슴에는 ⓒ수상전투함장교의 자격휘장, ⓓ훈장, ⓔ통합참모본부휘장을 달고 있다.
드레스 화이트는 흰색 커버를 단 정모(드레스 블루와 공통. 중좌이상은 모자의 차양 부분에 떡갈나무 잎을 디자인 한 장식이 붙는다), 흰색의 세운 옷깃 상의와 슬랙스, 흰 가죽 구두로 구성되며, 상황에 따라서 흰색 장갑을 낀다. 또 드레스 화이트를 착용할 경우에는 상의 밑에 T셔츠를 입는다. 상의 및 슬랙스는 세탁할 수 있는 면과 아크릴 혼방 원단이 사용되고 버튼은 탈부착식으로 되어 있다.

서비스 드레스 화이트 ▼

드레스 화이트에 자격휘장과 약장을 부착한 것을 서비스 드레스 화이트라 한다. 이전에는 하계나 더운 지대에서의 근무복으로서 사용되어 왔지만 현재는 식전 등에서 착용하는 예복이 됐다. 사진의 풀 드레스 화이트는 드레스 화이트를 착용, 훈장을 패용하고 사벨을 대동한 의례복. 다른 드레스 화이트에 미니어처 훈장을 패용한 디너 드레스 화이트가 있지만 이것은 만찬회복이다.

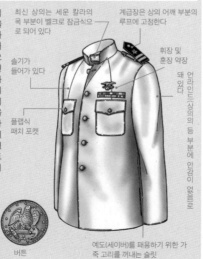

최신 상의는 세운 칼라의 목 부분이 벨크로로 잠금식으로 되어 있다

계급장은 상의 어깨 부분의 루프에 고정한다

슬릿이 들어가 있다

휘장 및 훈장 약장

언라인드(상의의 등 부분에 안감이 없음)로 돼 있다

플랩식 패치 포켓

버튼

예도(세이버)를 패용하기 위한 가죽 고리를 꺼내는 슬릿

*장교들 = 드레스 블루와 드레스 화이트는 원사 이상의 부사관, 준위도 착용하지만 계급장의 착용법이 다르다.

장교용 드레스 블루

왼쪽 일러스트는 서비스 드레스 블루라 불리는 근무복을 착용한 해군 소위. 상의의 왼쪽 가슴에 ⓐ자격휘장(수상 전투함 장교)과 ⓑ약장을 부착하고 있다. 각국의 해군 장교가 착용하고 있는 제복과 공통된 디자인인 드레스 블루는 흰색 정모(사관용의 모장과 금색의 턱끈이 붙어있다), 검은색 정복 상하, 상의 밑에 착용하는 흰색 와이셔츠(솔더 스트랩이 붙은 긴 소매 셔츠. 솔더 스트랩에는 소프트 타입의 견장을 단다)와 검은색 타이, 검정 가죽 구두로 구성되어 있다.

상의는 6개의 금색 버튼이 두 줄 달린 재킷으로 칼라형은 ❶피크드 라펠, 왼쪽 가슴과 양허리 부분에 ❷박스 포켓이 달린다. 또 재킷의 오른쪽 측면에는 예도를 달기 위한 가죽 띠를 통과하는 지퍼 개폐식의 감춰진 슬릿이 만들어져 있다. 드레스 블루는 하계를 뺀 3계절 동안 사용하기 때문에 상의 안쪽은 전 안감으로 돼 있고, 귀중품을 넣는 안쪽 포켓이 달렸다(서비스 드레스 화이트는 안감이 없는 언라인드로 되어 있다). 소매 입구 부분에는 착용자의 계급장을 나타내는 ❸수장을 달지만 전투 병과의 장교(라인 오피서)는 금색 자수의 성장과 계급에 따라 수가 달라지는 줄무늬 금선으로 구성된다. 의료부대 등의 전투 지원병과의 장교는 각각의 직종을 나타내는 금자수의 휘장과 줄무늬의 금선으로 구성되어 있다. 슬랙스는 앞 지퍼식으로 양 허리 부분에 포워드 포켓, 엉덩이 부분에 박스 포켓이 달려 있다. 드레스 블루의 상하에는 울 원단이 사용되고 주름이 잘 잡히지 않도록 가공되어 있다.

드레스 블루도 용도나 부착물에 따라서 명칭이 달라진다. 일러스트의 서비스 드레스 블루 외에 풀 드레스 블루(드레스 블루에 훈장을 패용, 사벨을 대도한 의례복), 디너 드레스 블루(드레스 블루를 착용하지만 나비넥타이를 달고 미니 메달을 패용한 만찬회복)가 있다.

여성용의 풀드레스 블루를 착용한 여성 장교(드레스 블루에 훈장을 패용). 여성용의 상의는 4개의 금색 버튼이 달린 한줄 단추식의 재킷으로 허리 부분이 조여서 기장이 다소 짧다. 왼쪽 가슴 부분만 박스 포켓이 달렸으며, 슬랙스와 스커트가 있고 둘 다 입었을 경우에 검은색 가죽 구두를 신는다. 상의 밑에는 와이셔츠와 타이를 착용하지만 여성용 타이는 얇은 리본 모양이다. 사진의 여성 장교는 해군 중령으로 해군비행사의 자격장을 패용한 훈장 위에 달았다.

세계에서 착용자가 가장 많은 해군 제복

미합중국 해군의 총 병력수는 예비역을 포함해서 약 43만 명. 당연하지만 세계 제1의 대해군이다. 그 해군 중에서 대다수를 차지하는 것이 부사관과 병으로 해군에서의 부사관·병(원사 이상의 부사관을 제외한)의 기준이라 할 수 있는 제복이 세일러복이다.

세일러복은 오랜 예전부터 각국의 해군에서 사용되어 왔는데, 미합중국 해군에서는 1862년에 수병용 제복으로 채용, 도중에 몇 차례 디자인 변경은 있었지만 현재까지 사용되고 있다. 미합중국 해군의 세일러 복은 벨 보텀 등 패션의 세계에도 영향을 주고 있다.

덧붙여서 세일러복을 해군의 수병복으로 전면 채용한 것은 영국 해군이라고 한다.

미합중국 해군의 근무용 제복에는 서비스 드레스 블루와 서비스 드레스 화이트가 있다. 서비스 드레스 블루 및 서비스 드레스 화이트와 같은 세일러복은 훈장을 패용(훈장을 수장한 적이 있는 사람만 패용한다), 부사관·병용 예장으로도 사용된다.

[왼쪽]함상에서 세레머니를 하는 해군 병. 여성 병사용의 서비스 드레스 블루를 착용하고 있다. 남성 병사는 서비스 드레스 블루여도 세일러복 상하를 착용하지만 여성의 경우는 단추가 한 줄로 달린 재킷에 스커트 또는 슬랙스를 착용한다. 정모는 서비스 드레스 블루도 서비스 드레스 화이트도 공통이다.

[아래]부사관·병용 서비스 드레스 화이트를 착용한 해군 일병. 왼쪽 가슴에는 약장, 왼팔에는 해군 일등병의 계급장과 항공기 탑재 전자기기 정비원의 병과 마크를 부착하고 있다. 상사 이하의 부사관 및 병용의 서비스 드레스 화이트는 여성도 세일러복을 착용한다. 세일러 복의 디자인은 남녀 공통으로 상의는 세일러 칼라가 달린 긴 소매 셔츠로 양 가슴 부분에 박스 포켓이 붙어 있다. 팬츠는 상의와 같은 원단의 앞 지퍼 식의 슬랙스 또는 스커트. 또 남성용의 팬츠도 서비스 드레스 화이트에서는 단순한 앞지퍼 식으로 되어 있다. 부사관·병용의 서비스 드레스 화이트는 검정 가죽 구두를 신도록 되어 있지만 흰 가죽 구두도 신는 것 같다.

남성 부사관·병용 서비스 드레스 블루

미합중국 해군의 남성 부사관·병(원사 이하)의 경우, 서비스 드레스 블루는 다크 블루 색의 모든 세일러복의 근무복(3계절용)을 말한다. 왼쪽 일러스트는 서비스 드레스 블루를 착용한 하사.

상의는 세일러 칼라가 붙은 ❶긴소매 셔츠(미디 재킷), 바지는 브로드 폴Broad Fall이라 불리는 앞여밈이 독특한 구조로 돼 있다 ❷플레어드 팬츠(좌우의 베어러Bearer를 단추로 잠가 허리 부분을 고정하고, 버튼 잠금식의 앞여밈 덧댄 부분을 덮는 방식이 브로드 폴이라고 한다. 원래는 물 속에서 바지를 간단히 입고 벗도록 입구를 크게 하기 위해서 고안 됐을 것이라 생각된다. 또 바지의 허리 부분은 몸에 꼭 맞지만 다리 부분은 좀 헐렁한 플레어드 팬츠로 돼 있다. 이 타입의 바지를 세일러 팬츠라고도 한다)의 구성으로 상·하의 같은 울 서지 제대. 상의 밑에는 ❸화이트 쿨 넥의 셔츠(흰 T셔츠)를 착용, 상의 위에 검은 ❹스카프를 단다. 덧붙여서 서비스 드레스 블루에는 상의의 세일러 칼라에 한 쌍의 흰색 별과 3개의 흰색 선, 양 팔의 커프스 부분에는 3개의 흰 띠가 들어 있지만 서비스 드레스 화이트에는 별과 선이 들어가 지 않는다. 신발은 ❺검정 가죽 구두(단화)로 검은색 양말을 신고 구두를 신는다. 모자는 ❻고브 햇Gob Hat이라 불리는 미합중국 해군 특유의 수병모를 쓴다. 상의의 왼팔에는 계급장, 왼쪽 가슴에는 약장을 단다.

▼ 세일러복의 특징

가슴부분이 크게 역 삼각형으로 돼 있다.

왼쪽 가슴에 슬릿 포켓이 붙어 있다

세일러 칼라에는 한쌍의 흰색 별과 3개의 흰색 선이 들어가 있다. 또 칼라는 셔츠에 붙어 있어서 떼어낼 수 없다.

커프스(웃단에는 흰색 선이 들어가 있다)

앞면과 뒷면에 절개선이 있다

버튼 잠금식의 커프스

▲상의전면　　　▲상의후면

슬릿 포켓(현용 타입은 조금 더 포켓 위치가 낮다)

베어러(슬릿 포켓이 달린다)

후면 오른쪽 허리 밴드의 연결 부분에 슬릿 포켓

앞여밈 부분은 13개의 버튼으로 고정한다

앞여밈 부분을 덮은 바대

후면은 가켓(삼각형의 바대를 단 슬릿으로 돼 있고 그곳에 아일릿(구멍)을 뚫어서 끈을 넣어 허리 둘레를 조절할 수 있도록 돼 있다.

◀팬츠 전면　　　▲팬츠 후면

바지는 활동하기 쉽게 넉넉하게 만들어진 벨 보텀(나팔바지)으로 돼 있다.

미합중국 해군의 계급장

일러스트의 미합중국 해군의 계급장은 드레스 블루라 불리는 근무복(3계절 착용)에 부착하는 것. 장교 및 준위는 양 소매에 다는 수장으로 라인(전투 병과)장교는 별과 금선, 지원 병과 장교는 각각의 심볼마크와 금선으로 구성되어 있다. 부사관 이하는 왼쪽 팔 부분에 다는 완장이다. 해군 상사에서 하사까지의 계급 중에 공식 징벌 등을 받지 않고 12년 이상 해군에서 근무했으며 성적이 우수한 사람은 붉은색이 아닌 금색 계급장 착용이 인정된다. 덧붙여서 하계나 열대지방에서 착용하는 흰 근무복에는 준위 이상은 견장, 부사관·병은 검은 완장을 착용한다. 계급장은 착용자의 계급, 병과, 직종을 한눈에 알 수 있도록 만들어졌다.

장교

대장	중장	소장	준장	대령
중령	소령	대위	중위	소위
중령 (간호부대)	소령 (군종부대)	대위 (의료부대)	중위 (법무부대)	소위 (수송부대)

준위

5호 준위	4호 준위	3호 준위	2호 준위	1호 준위

부사관 · 병

해군 주임원사	주임원사	선임원사	원사	상사

중사	하사	**일등병** 기관 및 선체조작·정비직종	**이등병** 갑판, 전자기기, 병기정비, 의료직종
		일등병 건설직종	**이등병** 항공기정비직종

[사진 위] 서비스 드레스 블루를 착용한 해군 준위. 소매에는 준위의 수장. 왼쪽 가슴에는 정보지배전장교와 해군비행정찰/기상관을 나타내는 자격휘장을 달고 있다.
[사진 아래] 원사 이상의 부사관은 장교와 같은 디자인의 근무복을 착용하지만 계급장 등의 부착법이 다르다. 또 정모의 휘장과 턱끈 색도 다르다. 사진의 원사는 성적 우수자를 나타내는 금색의 계급장과 금선 3개짜리 선행장을 달고 있다

미합중국 해군의 병과마크

부사관·병이 계급장과 함께 부착하는 것이 병과마크다. 이것으로 착용자의 병과를 한눈에 알 수 있다.

부사관·병용 드레스 화이트의 왼팔에 부착된 상사 계급장. 독수리와 3개의 쉐브론shevron 사이에는 병과마크가 들어간다.

갑판, 전자기기 및 병기정비, 의료병과

갑판 요원
(일반작업원)

함재병기
정비요원

함재병기 제어 ·
조준기술요원

미사일 정비
기술요원

정보전문요원

전자기기 기술요원

위생병

조작 전문요원
(레이더나 통신기기 등
의 조작관리를 한다)

선박 운반 안전 ·
기술보좌요원

법률관계
보조요원

어뢰 정비요원

서무 · 사무요원

기관 및 선체조작 · 정비병과

피해복구요원

디젤/가솔린
기관조작 · 정비요원

가스터빈 시스템
기술요원

동력기계 조작 ·
정비요원

항공기정비병과

항공기 탑재
전자기기 정비요원

항공기 무기
탑재 작업요원

항공기 정비
작업요원(엔진)

항공기 탑재
전자기기 기술요원

항공기 관제요원

항공기 정비
작업요원(기체구조)

항공기 탈출장치
정비요원

건설병과

건설작업요원

건설용 전기공사
배선작업요원

건설용 중장비
정비요원

건설용 중장비
조작요원

미합중국 해군의 자격휘장

장교·부사관·병 각각이 제복에 부착하는 휘장으로 각자가 취득한 자격이나 기능을 나타낸다. 해군은 자격사회로 어떤 자격을 어느 정도 취득하는지도 승진의 조건이 된다.

해군 비행사

해군 비행장교

해군 비행 전투전문(부사관 · 병)

해군 비행 군의관

해군 비행 간호사

해군 비행 정찰/기상관측

해군 강하(장교)

수상전투함장교

수상전투부사관 · 병

잠수함 장교(돌핀장)

잠수함 부사관 · 병(돌핀장)

정보지배전 장교

정보지배전 부사관 · 병

해군 해상 지휘관·해군육상지휘관

해군 특수작전

해군 특수작전(SEAL)

해군특수작전함정탑승원

해군전투공병장교(Seabees)

해군 총합 수중
감시관(장교)

해군 잠수원
(장교)

해군 잠수 의무관

해군상급잠수원
(부사관 · 병)

해군잠수원
(부사관 · 병)

해군잠수원초급
(부사관 · 병)

해군잠수원
스쿠버 다이버

해군 총합 수중감시관
(부사관 · 병)

디지털 위장 작업복

2007년부터 지급이 시작된 디지털 위장 작업복은 연안지역의 적과 직접적인 교전도 고려해서 기능성이 높은 전투복형으로 돼 있다. 작업복은 ❶상의, ❷바지, ❸코튼 제 T셔츠, 검정 양말, 버클이 붙은 벨트, ❹검정 가죽 부츠, ❺팔각 작업모, ⓐU.S.NAVY의 태그 테이프, ⓑ네임 택 테이프, ⓒ계급장 및 병종휘장(모두 포제)를 기본구성으로 하며, 플리스 라이너가 붙은 방한 파커, 검은 목티, 니트제 워치캡이 작전 지역 사령관의 명령으로 지급되는 아이템이다.

일러스트의 블루를 기조로 한 해군의 작업복(분류상 타입 'Ⅰ')는 NWUNavy Working Uniform으로 불리며 2004년경부터 개발을 시작, 2007년에 채택되었다. 종래의 작업복과 달리 BDU와 같은 디자인으로 됐다.

또 위장 패턴 중에는 미합중국 해군의 마크와 USN 문자가 새겨져 있다. 작업복 상의 및 바지는 내구성, 안전성, 착용이 쉬운 착용감, 세탁하기 쉬운 점이 고려돼서 나일론과 코튼 혼방제로 돼 있다. 상의는 칼라가 컨버터블 칼라, 앞여밈이 5개의 감춰진 버튼 식으로 옷단 부분은 바지의 카고 포켓의 플랩에 걸리지 않는 길이로 정해져 있다. 바지는 카고 팬츠로 사이드 포켓, 힙 포켓, 카고 포켓이 각각 양 사이드에 붙어 있다. 미합중국 해군의 신형 작업복은 위장 패턴에 따라 아래 일러스트와 같이 3가지 타입이 존재하며, 모두 4색의 디지털 위장이다. 타입Ⅰ은 블루를 바탕으로 한 위장 작업복. 타입Ⅱ, Ⅲ이 있기 때문에 어디까지나 편의상 '타입Ⅰ'라 분류한 것으로, 실제로는 그냥 NWU라 불리며 함상 근무 시에 착용한다. 타입Ⅱ는 브라운을 바탕으로 한 사막용 위장 AOR1의 작업복. 타입Ⅲ은 그린을 바탕으로 한 산림 및 비사막지 대용의 위장 AOR2의 작업복. 육상 근무 장병의 보편적 작업복이다. 작업복에는 각각 같은 위장 패턴의 방한 파커가 세트로 되어 있다.

병과 휘장 : 수상전투함 탑승원 자격장 : 수상전투함 사령관   해군 휘장

▼ 작업복 디지털 위장 패턴

타입Ⅰ   타입Ⅱ   타입Ⅲ

[오른쪽] 수상하다고 여겨지는 선박에 출입하여 임검 훈련을 하는 네이비 실 대원. 착용한 것은 AOR1 컴뱃 셔츠와 팬츠. 이런 피복은 군의 지급품이 아니라 개인 구입이나 브랜드로부터 제공 받은 것이다. 브랜드에서는 특수부대 대원에게 자사에서 개발한 시제품을 무상으로 제공하고 사용한 느낌을 듣고 제품의 개량에 활용하고 있다. 사진의 대원이 착용하고 있는 AOR은 멀티캠으로 유명한 크라이프리시전사의 제품. 이 회사가 타입II나 III의 위장 패턴을 AOR1 및 AOR2로 해서 자사 디자인의 컴뱃 셔츠나 컴뱃 팬츠에 사용하고 제조·판매하고 있는 것이다. 말하자면 커스텀 컴뱃 셔츠와 컴뱃 팬츠라 할 수 있다.

[왼쪽] 구형 작업복을 착용한 잠수함 탑승원. 함명이 자수된 ❶야구모자에 ❷덩가리Dungaree 반소매 셔츠, ❸네이비 블루의 작업 바지에 ❹작업화 모습. 디지털 위장 작업복이 사용되기 이전 해군 수병의 가장 유명한 작업복이었다.

[오른쪽] 항공모함의 갑판위에는 여러 가지 컬러풀한 작업복을 입은 갑판요원들(레인보우 갱이라 불린다)이 작업을 하고 있다. 항공모함의 비행갑판은 조금이라도 정신을 놓으면 큰 상처를 입을 수도 있는 위험이 도사린다. 그같은 환경에서 항공기가 100%의 능력을 안전하게 발휘할 수 있게 하는 갑판 요원들이 어디 소속이고 무슨 작업을 하고 있는지 알 수 있도록 그들은 자신이 소속된 부서를 나타내는 색의 베스트와 헬멧을 착용하는 것이다.

사진은 보수 및 소화요원(V-3)로, ❶갈색 헬멧(헤드셋과 일체화된 HGU-24/P헬멧은 머리 부분을 보호하는 것은 물론 150데시벨 정도의 소음에서 귀를 보호한다)과, ❷니트 셔츠, ❸라이프 프리저버 베스트를 착용, ❹바지는 구형.

덧붙여서 갑판원은 항공기 유도원(노란 헬멧과 노란 저지), 어레스팅 기어요원, 훅러너hook runner 및 항공기 정비원(녹색과 녹색), 항공기조작원(청색과 청색), 연료보급원(보라색과 보라색), 병기요원(적색과 적색), 보수 및 소화요원(갈색과 갈색), 안전·의료요원(백색과 백색), 엘리베이터 조작원(백색과 청색), 스쿼드런Squadron 기체 점검원(녹색과 백색), 연락·전화요원(백색과 청색), 각 조작사관(녹색과 갈색)과 같은 색으로 나뉜다.

▼ HGU-24/P 헬멧

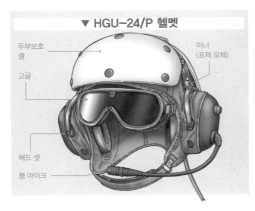

두부보호 셸

고글

헤드 셋

붐 마이크

이너
(포제 모체)

함재기 파일럿 장비의 특징

수많은 해군의 직종 중에서도 엘리트로 취급 받는 것이 항공기 탑승원이다. 특히 주요전력의 하나인 항공모함에서 항공기에 탑승하는 파일럿은 스타다.

항공모함에서는 전투공격기에서 구난 헬리콥터까지 여러 가지 항공기가 운용되고 있지만 그것들을 조종하는 파일럿은 해상에 떠다니는 항공모함이라는 굉장히 좁은 공간에서 항공기를 이착륙시키는 자격을 가지고 있다. 그들이 착용하는 장비는 항공기에 탑승하기 위한 기능과 해상에 불시착했을 때의 생존성을 겸비한 것이다.

[왼쪽 위] F/A-18의 파일럿을 뒤에서 본 모습. ① CWU-33/P22P-1B서바이벌 베스트와 ②PCU-33 토르소 하네스의 등 쪽을 잘 알 수 있다. 왼쪽의 파일럿 헬멧에는 JHMCS ③목표지정 시스템 장치가 장착되어 있다.

[오른쪽 위] JHMCS 헬멧을 쓴 F/A-18의 파일럿. 이것은 JHMCS(통합 헬멧 장착식 목표지정 시스템)이라 불리는 전투기용의 헬멧 마운트 디스 플레이 장치를 현용 헬멧 HGU-69/P에 장착한 것. 이 장치로 HUD의 정보가 바이저에 투영되어 바로 옆의 적기에도 미사일의 조준조작을 할 수 있다. JHMCS는 미 공군에서도 사용하고 있다.

[오른쪽 아래] 헬리콥터 크루의 장비. ①HGU-84/P(왼쪽의 크루의 헬멧을 잘 보면 더블 바이저식인 것을 알 수 있다. 또 붐 마이크가 달려있다), ② LPU-36 라이프 프리저버, ③CWU-33/P22-1B 서바이벌 베스트, ④HABD(헬리콥터가 해상에 불시착했을 때에 사용하는 긴급탈출용 산소 호흡장치), ⑤하네스(CWU-33/P22-1B서바이벌 베스트의 안쪽이 하네스 구조로 돼 있어서 구조 헬기의 호이스트로 직접 끌어 올리는 것이 가능).

사진 오른쪽의 인물은 CVN-76「로널드 레이건*」에 탑승하는 EA-6B 프라울러(VAQ-139)의 승무원. 왼쪽은 인도 해군에서 파견된 시 해리어의 파일럿(어깨에 영국 해군식의 계급장을 부착). 2명 모두 현행 미합중국 해군의 제트 파일럿 장비를 착용하고 있다.
①HGU-69/P헬멧(오리지널의 바이저와 레일을 벗겨서 야간작전용의 암시장치 NVG를 사용할 수 있도록 바이저를 바꿨다), ②LPU-36라이프 프리저바(탄산가스로 팽창하는 구명조끼), ③CWU-27 플라이트 수트를 착용, ④CWU-33/P22P-1B 서바이벌 베스트(베스트의 전면 및 후면에 웨빙 테이프가 붙어 있어서 서바이벌 툴을 수납한 파우치류를 부착할 수 있다. 제트기 탑승원 뿐만이 아니라 헬리콥터 탑승원도 같은 서바이벌 베스트를 사용), ⑤라이트, ⑥CSU-15/P 내G 수트(고기동시에 압축공기로 팽창시켜 하반신을 압박한다. 혈액이 하반신으로 집중되는 것을 막는 것으로 하중으로 인한 신체기능의 저하로 조종에 악영향을 끼치지 않도록 한다), ⑦레그 가터(이젝션 시트를 사용한 긴급 탈출 시에 기체에 부딪혀서 다치지 않도록 다리를 고정하는 구속 라인을 장착하는 밴드), ⑧플라이트 부츠, ⑨내G 수트 압축공기 공급 호스(콕피트의 공급장치에 접속해서 고기동 등에서 하중이 더해졌을 때 내G 수트내의 기낭에 압축공기를 보낸다), ⑩PCU-33토르소 하네스(이젝션 시트의 시트 벨트를 접속해서 몸을 고정시키는 구속 띠. 시트 벨트가 이젝션 시트에 내장된 파라슈트로 연결돼 있어서 긴급시에는 파라슈트 하네스의 역할을 한다), ⑪산소 마스크 공기공급 호스, ⑫무전기 파우치(AN/PRC-112서바이벌 라디오가 수납돼 있다), ⑬MBU-23/P산소마스크, ⑭토르소 하네스의 로킹 래치(토르소 하네스와 시트벨트의 접속용 고리)

영국 해군

대영제국의 번영을 지지한 국왕의 해군

영국 해군은 17세기에 성립된 전통 있는 해군이다. 특히 19세기부터 20세기 전반까지 세계 유수의 해군력을 자랑하고 국가의 번영을 짊어져 왔다. 제2차 세계대전 이후로는 영국의 쇠퇴와 함께 규모를 축소해 왔지만 지금도 높은 원정능력을 보유하고 있다고 한다.

긴 전통을 가진 해군이라서 장교의 리퍼 재킷과 수병의 세일러복 등의 제복, 관습, 문화 등, 각국의 해군에 끼치는 영향은 크다.

부사관 · 병 복장

일러스트는 수병용 1A드레스를 착용한 해군의 수병장. 1A드레스는 식전 등에서 의장대를 맡은 수병이 착용하는 예장이다. 수병모, 수병용 블루 드레스(짙은 남색 세일러 복 상하), 착용자가 수훈하고 있는 경우는 상의에 훈장을 패용, 검정 부츠, 흰 탄약 벨트와 흰 스패츠를 입고 소총을 휴대한다.
❶수병모(흰색 모자에 소속을 나타내는 금색 자수가 들어간 리본이 달려있다), ❷세일러 칼라는 블루로 3개의 흰 선이 들어간다(함상에서 강풍으로부터 얼굴을 보호하거나 멀리 있는 전령의 목소리를 듣기 위해서 칼라를 세우기 때문에 이러한 형태가 되었다고 한다), ❸랜야드(흰 끈), ❹검정 스카프(랜야드와 세트이다), ❺흰색 탄띠, ❻세일러 복 및 세일러 바지(수병용 블루 드레스는 세리머니 등의 공식 행사는 물론 보통 근무에서도 착용한다. 사관용과 같은 1A, 1B, 1C와 3종류의 착용법이 있다. 또 현용 세일러복 바지는 옛날처럼 폭이 넓게 만들어지지 않는다), ❼검정 가죽 부츠(수병은 동계용, 하계용 모두 검정 부츠를 신는다), ❽흰색 스패츠, ❾정근장, ❿SA80 돌격 소총(5.56mm NATO탄을 사용하는 불펍식), ⓫계급장, ⓬T셔츠(세일러 복 밑에는 흰 T셔츠를 입는다. T셔츠 목둘레는 사각형으로 파여 있고, 테두리는 파란색이다.)

영국 해군의 계급장

중위에 해당하는 계급은 없다.
또 1등 및 2등 수병은 계급장이 없다.

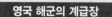

원수	대장	중장	소장	준장	대령

 중령   소령(파일럿)   대위   소위

 사관후보생 (금장)

일등준위	이등준위	상급부사관 (견장)	상급부사관 (수장)	부사관	수병장	수병

장교의 제복

일러스트는 1A드레스를 착용한 해군대위. 1A드레스는 예장용으로 블루드레스로 불리는 장교용 제복(블루라고 해도 검은색에 가까운 상하의)를 착용. 훈장을 왼쪽 가슴에 패용하고 예도를 휴대한다(예도는 상의 밑에 매단 가죽 끈에 매단다).

블루 드레스는 ①장교용 정모Peaked Cap, ②리퍼 재킷, ③슬랙스 (실루엣은 파이프드 스템 Piped Stem에 가깝다), ④검정 가죽화, ⑤흰색 와이셔츠와 ⑥블루(검정)의 타이로 구성된 동계용 군장(동계용이라 해도 기본적으로는 3계절 사용), 또 및 준사관도 리퍼 재킷을 착용하지만 계급장의 부착법 등이 다르다.

일러스트는 함대 항공대의 파일럿으로 왼쪽 수장(계급장) 위에 파일럿 자격장을 부착하고 있다. 리퍼 재킷은 8개 버튼의 더블 단추. 칼라 모양은 피크트 라펠이지만 밑 칼라의 각도가 크게 위로 올려져 특징적인 모양으로 돼 있다(미합중국 해군이나 일본 해상자위대의 정복도 피크트 라펠이지만 밑 칼라의 각도가 영국 해군의 정복 정도로 크지 않다). 왼쪽 가슴 부분에 박스 포켓, 양 허리부분에는 슬릿 포켓이 각각 달린다. 양 소매 상부에는 수장(장교용 계급장)을 부착한다.

또 블루 드레스에는 예장용의 1A드레스 외에 약식예장용의 1B드레스(훈장을 왼쪽 가슴에 패용한다), 근무용의 1C드레스(약장을 왼쪽 가슴에 단다)의 3종류의 착용 방법이 있다.

사진은 하계 또는 더운 지역에서 착용하는 화이트 드레스를 입은 장교와 수병(모두 1AW드레스). 장교용은 정모 허리 벨트가 붙은 흰 반소매 오픈 칼라 재킷(양 가슴 부분, 양 허리부분에 플랩이 붙은 패치 포켓이 달려있다), 흰색 바지, 흰 가죽 구두의 구성인 견장식의 계급장을 부착한다. 수병용은 수병모, 흰색 세일러복의 상하에 검정 부츠의 조합. 화이트 드레스에도 블루 드레스와 같이 예장용의 1AW드레스, 약식예장용의 1BW드레스, 근무용의 1CW드레스가 있다.

독일 해군

독일의 해상 전력인 독일 해군의 제복과 계급장은 제1차 세계대전 이전의 제정시대부터 전통을 이어왔다. 여기서는 1935년의 재군비선언에서 제2차 대전종결까지의 해군(나치 독일 시대의 국방군)과, 현대 해군(독일 연방군)의 제복과 계급장을 비교해 보도록 하자.

독일 해군의 계급장

▼ 독일해군(국방군)의 계급장

원수 · 상급대장 · 대장 · 중장 · 소장 · 준장 · 대령 · 중령

소령(포병) · 대위 · 중위 · 소위(연안포병) · 사령부 소속 상급원사 · 원사 · 상급상사 · 상사

중사 · 하사 · 상등병장 · 병장 · 상등수병(4~5년 근무) · 상등수병 · 일등수병

▼ 독일연방해군의 계급장

대장 · 중장 · 소장 · 준장 · 대령 · 중령 · 소령 · 상급대위

대위 · 중위 · 소위 · 소위(견습사관) · 주임원사 · 원사 · 상사 · 상급중사

중사(사관후보생) · 중사 · 상급하사 · 하사(사관후보생) · 하사 · 선임병장 · 병장

선임상병 · 상병(사관후보) · 상병(중사후보) · 일등병(하사후보) · 일등병 · 수병견습(이등병)

▶ 독일 해군(국방군)장교용 통상군장

일러스트는 장교용의 통상군장(약식)을 착용한 독일 해군의 소령. 해군장교의 제복에는 정장(공식 행사용의 제복)과 통상군장(근무 시에 착용하는 제복으로 정식과 약식의 2종류가 존재)이 있었다. 일러스트의 통상군장(약식)은, 피크트라펠 칼라에 더블버튼식으로, 10개의 금색 버튼이 달린 짙은 남색 재킷(소매에 계급을 나타내는 금선이 달린다)과 슬랙스를 착용, 정모(크라운 부분이 흰색인 것은 함장을 나타낸다)를 쓰고 있다. 단검은 착용하지 않는 경우도 있었다. 1급 철십자장과 함께 전공장 약장 리본을 왼쪽 가슴에, 2급 철십자장의 약장 리본을 두 번째 단추구멍에 각각 달고 있다. 구두는 검정 가죽구두.

독일 연방해군의 제복

현재 독일 연방해군의 제복은 제2차 대전 당시의 사양을 계승하면서 새로운 디자인을 도입했다. 제복(근무복)은 장교용, 부사관·병용으로 나뉘어져 기본적으로 동복과 하복이 있다.
①장교는 동복이 짙은 남색의 더블버튼으로 6개의 금색 버튼이 붙은 재킷과 슬랙스, 와이셔츠 및 검정 타이, 정모, 검정 단화. 소매에 금선과 별을 조합한 수장을 단다. 사진은 해군소위의 수장을 단 장교용 동복. 동복하복 모두 기본 디자인은 남녀공통(여성용은 상의의 앞여밈이 반대로 허리 부분이 조여져 있다). 장교용 슬랙스는 재킷과 같은 천의 앞지퍼 식의 검정 바지로 여성용에는 스커트도 있다(사진의 재킷에는 자격장과 약장 등 휘장류를 부착하고 있지 않지만 자격휘장은 오른쪽 가슴, 약장은 왼쪽 가슴에 단다). ②장교용 정모도 남녀 공통 디자인. 크라운 부분은 흰색, 띠부분은 검정의 콤비네이션인 모자. 검정 가죽의 턱 끈이 붙어 있고 차양에는 위관·영관·장관에 따른 금색 자수가 들어가 있다(부사관도 같은 디자인의 정모이지만 차양은 검정으로 자수가 들어가 있지 않다). ③부사관은 장교와 같은 제복을 착용하지만 계급장은 왼쪽 팔에 단다(하복에는 견장). ④하복은 4개의 금색 버튼이 한 줄로 달린 흰색 재킷과 슬랙스 와이셔츠 및 검정 타이, 정모, 흰색 단화로 구성된다. 재킷은 양 가슴과 양 허리부분에 플랩이 붙은 패치 포켓이 달려 있고 숄더 스트랩 부분에 계급장을 단다. 또 하복 재킷은 안감이 없다. 사진은 하복을 착용한 해군 원사. 하복 재킷의 왼쪽 가슴에는 훈장을 패용했고 예장을 착용했다(하복에는 상의와 타이를 착용하지 않는 반소매 셔츠 뿐

인 약복도 있다). ⑤부사관(해군선임병장 이상)·병의 제복은 세일러복. 하복은 청색 바탕에 3개의 흰색 띠가 들어간 세일러 칼라와 청색 바탕에 2개의 흰띠가 들어간 소맷부리의 흰색 셔츠 상의에 스카프, 흰색 바지, 수병모, 검정 단화. 동복은 짙은 남색(장교용 동복과 같은 색으로 대부분 검정에 가깝다)의 셔츠와 바지로 다른 것은 같은 구성으로 돼 있다. 세일러복은 남녀 공통. 사진은 병용의 예장을 착용하고 의장을 행하는 수병. 예장은 하복 상의와 동복 바지로 구성되며 흰 장갑을 낀다. 수병모의 테두리 부분에는 착용자의 소속을 나타내는 금색 문자가 들어간 페넌트를 두르고 크라운 부분에는 원형장이 달려 있다(수병모는 동복하복 공통)

미합중국과 유일하게 정면으로 싸운 해군

구 일본 해군

청일전쟁과 러일전쟁의 승리를 통해 일본은 영국, 미합중국에 이은 3대 해군국이 될 수 있었다. 스마트함을 제일로 여기고 독자의 기풍을 가진 일본 해군은 군장이라는 측면에서도 특징적이었다. 그 대표적인 제복이라고 한다면 사관용 제1종 군장과 제2종 군장일 것이다.

상의 ▲

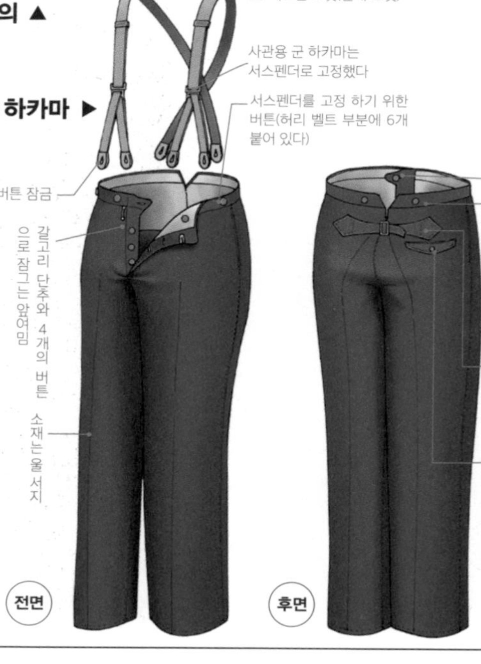

군 하카마 ▶

일러스트는 제1종 군장을 착용하고 육분의를 조작하고 있는 해군 중위. ❶육분의(천측 항법용 도구), ❷군모, ❸군의, ❹군 하카마, ❺단검, ❻검정 가죽 단화

사관용 제2종 군장

하계용 군장인 제2종 군장의 원형은 메이지20년(1887), 칙령 제43호로 제정되었다. 초기에는 갈고리 단추를 사용하는 등, 메이지 16년(1883)에 제정된 상복(제1종 군장의 원형)과 비슷했으나 메이지 33년에 버튼식으로 변경되었으며 수장을 폐지한 대신 견장을 부착, 다이쇼3년의 칙령 제24호에 따라 제2종 군장으로 제정되었다. 군모, 차양, 여름상의, 여름바지, 검대, 단검, 린넨 셔츠, 린넨 칼라, 검정 가죽 단화와 흰 가죽 단화, 흰색 가죽 장갑으로 구성되었다. 사관제복의 대명사로 통했던 순백색의 제2종 군장이지만, 린넨 원단으로 만들어졌기에 실제로는 희미하게 노란색을 띠고 있었다고 한다. 오른쪽 일러스트는 제2종 군장을 착용한 해군 중장. 허리에 단검을 매달고 있다. ❶정모, ❷견장, ❸제2종 군의, ❹단검, ❺제2종 군 하카마, ❻흰색 가죽 단화, ❼약장

▲군의용 금색 단추

▼약장

훈장약장 리본. 왼쪽 가슴에 단다. 일렬로 4개의 약장이 달린다.

고정핀 정복 왼쪽 가슴부분을 꿰어 고정한다.

약장 고정쇠

벨트
고리
단검
단검 패용 고리
클래스프 (걸이쇠)
매다는 끈

▲단검의 패용법

사관용 단검은 메이지16년(1883)에 제정되었는데, 전체 길이는 약 40cm. 자루는 백상어가죽, 칼집은 검정 가죽이 사용되었다. 벨트는 상의 밑에 착용했으며 단검은 칼집에 붙은 패용 고리를 클래스프로 매다는 끈으로 고정시켰는데, 허리에 매달기 위해서 여기에 다시 패용 고리를 벨트 쪽의 고리에 걸도록 되어 있었다. 실용성보다는 사관의 위엄을 나타내는 쪽에 중점을 둔 아이템이다

사관용 제1종 군장

동절기 통상근무복은 다이쇼3년(1914) 「해군복장령」 칙령 제24호에 따라 제1종 군장으로 정해졌다. 사관의 제1종 군장은 군모·군의 상·하의·검정 가죽 단화·검대(단검이나 장검을 패용하는 벨트로 군의 밑에 착용)·린넨 셔츠 및 칼라·단검·흰색 가죽 제품의 장갑으로 구성된다.

제1종 군장 상의▲

조끼▶

사관용 조끼(베스트)는 앞여밈이 6개 버튼

3개 세트인 포켓이 달렸다

탈부착식의 린넨 칼라. 전용 금속 고정구로 고정했다

상의 밑에 착용한 사관용 린넨 셔츠

일본 해군 사관의 정장과 예장

제1종 군장이나 제2종 군장은 통상 근무 시 해군 사관이 착용하는 정복이었으며, 공식 행사나 식전 등에서 착용하는 것은 정장·예장·통상예장이라 불리는 복장이었다. 국가나 군의 공식 행사, 식전 등에서는 정장을, 그리고 정장을 착용할 필요가 없는 행사나 식전에는 예장, 약식 행사나 식전에는 통상예장을 각각 착용했다.

통상 예장(해군중좌)

예장이나 통상 예장으로 착용하는 옷을 예의라 하며, 예의에 무엇을 조합하는가에 따라 통상예장과 예장으로 구별된다(하절기에는 제2종 군장으로 대용했다). 그리고 준사관은 따로 정장이 없었기에 통상예장을 착용했다. 일러스트는 통상 예장을 착용한 해군 중좌(병과장교). ❶군모(모자 정수리 부분의 직경과 높이, 차양의 길이까지 칙령으로 정해져 있었다. 남색 나사羅紗 원단에 챙은 검정색으로 칠한 가죽, 턱끈은 검정색으로 칠한 얇은 가죽), ❷탈부착식 칼라 및 나비 넥타이(백색 린넨 셔츠에 칼라를 부착한 것. 그 위에 조끼를 입고 예의札袄를 착용했다), ❸예의(프록코트로 소매부분에 계급장이 달렸다. 양 어깨 부분에 정견장을 부착하는 루프가 있다), ❹훈장(일러스트는 복수의 훈장을 패용하고 있지만 통상 예장에는 수훈한 것 중에서 높은 등급의 것을 패용하는 것이 일반적), ❺요대(검은 가죽 제품), ❻단검(통상예장에는 단검을 허리에 패용), ❼흰색 가죽 장갑(사슴 가죽 등을 염색한 것), ❽군 하카마(예의와 세트로 된 하카마를 착용), ❾검정 가죽 단화

▼예의

전면　　후면

예의는 무릎 길이의 프록 코트. 겉감은 예의와 같은 고급 울 서지나 도스킨, 안감은 실크나 큐프라 등이 사용되었다(예의는 옷 전체에 안감을 대었다).

수장 (장교계급장)

쇼와17년(1942)의 개정 이전까지는 정장이나 예장에 달린 계급을 나타내는 금색 수장에 병과식별선이 들어가지 않은 것은 병과장교 뿐이었다.

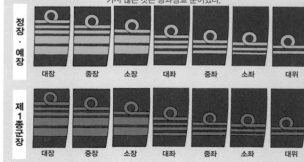

	대장	중장	소장	대좌	중좌	소좌	대위
정장·예장							
제1종군장							

▼세이버 및 단검

세이버(장검)는 길이 2척5수(약 69.69cm)나, 2척8수(약 84.84cm)로 정해져 있었다.

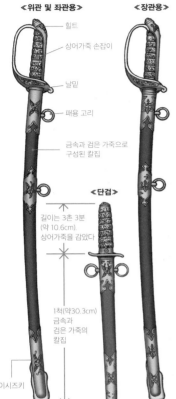

‹위관 및 좌관용›　　‹장관용›

- 힐트
- 상어가죽 손잡이
- 날밑
- 패용 고리
- 금속과 검은 가죽으로 구성된 칼집

검대▶
(통상 예장용)

패용 고리를 거는 부분

매다는 끈

장검과 단검의 패용 고리에 거는 금속구

‹단검›

길이는 3촌 3분
(약 10.6cm).
상어가죽을 감았다

1척(약30.3cm)
금속과
검은 가죽의
칼집

이시즈키

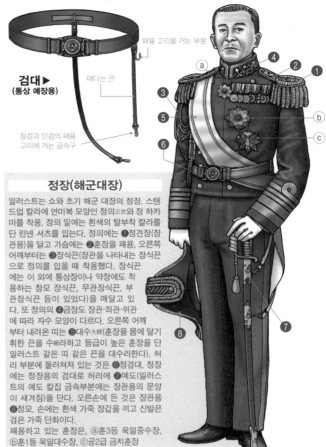

a
④ ② ①
③
⑤ b
⑥ c
⑧
⑦

정장(해군대장)

일러스트는 쇼와 초기 해군 대장의 정장. 스탠드업 칼라에 연미복 모양인 정의正衣와 정 하카마를 착용. 정의 밑에는 흰색의 탈부착 칼라를 단 린넨 셔츠를 입는다. 정의에는 ①정견장(장관용)을 달고 가슴에는 ②훈장을 패용, 오른쪽 어깨부터는 ③장식끈(장관을 나타내는 장식끈으로 정의를 입을 때 착용했다. 장식끈에는 이 외에 통상장이나 약장에도 착용하는 참모 장식끈, 무관장식끈, 부관장식끈 등이 있었다)을 매달고 있다. 또 정의의 ④금장도 장관·좌관·위관에 따라 자수 모양이 다르다. 오른쪽 어깨부터 내려온 띠는 ⑤대수大綬(훈장을 몸에 달기위한 끈을 수綬라하고 등급이 높은 훈장을 단일러스트 같은 띠 같은 끈을 대수라한다). 허리 부분에 둘러쳐져 있는 것은 ⑥정검대. 정장에는 정장용의 검대로 허리에 ⑦예도(일러스트의 예도 칼집 금속부분에는 장관용의 문양이 새겨짐)을 단다. 오른손에 든 것은 장관용 ⑧정모. 손에는 흰색 가죽 장갑을 끼고 신발은 검은 가죽 단화이다.
패용하고 있는 훈장은, ⓐ훈3등 욱일중수장, ⓑ훈1등 욱일대수장, ⓒ공2급 금치훈장

특무사관인 것을 나타내는 앵장을 단
수장(앵장은 쇼와17년에 폐지됐다)

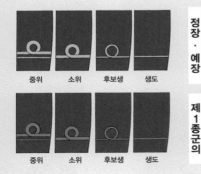

| 중위 | 소위 | 후보생 | 생도 |

| 중위 | 소위 | 후보생 | 생도 |

정장·예장

제1종군의

| 특무대위 | 특무중위 | 특무소위 |

| 특무대위 | 특무중위 | 특무소위 |

예장

제1종군장

예비중위

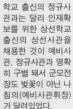

예비중위

해군병학교나 기관학교 출신의 정규사관과는 달리 인재확보를 위한 상선학교 출신의 상선사관을 채용한 것이 예비사관. 정규사관과 명확히 구별돼서 군모전장도 벚꽃이 아닌 나침의(예비사관휘장)가 달려있었다.

예비사관휘장

하사관의 군장과 사관의 제3종 군장

자비로 구매했던 사관(병조장 이상의 준사관 및 사관)과, 지급이 원칙인 하사관의 군장은 비슷한 디자인이면서도 다른 점이 많았다. 상의 하나만 보더라도 많은 공이 들어간 사관용과 달리 하사관용은 상당히 심플한 디자인이었다. 참고로 양자 모두 스탠드업 칼라로 되어 있는 것은 쓰시마 해전 당시, 연합함대 사령관이던 도고 헤이하치로 제독의 의향이었다고 한다.

하사관용 제1종 군장

하사관용 제1종 군장은 군모·군 상의·군 바지·속옷·검정 가죽 단화로 구성되어 있다. 상의는 세운 옷깃의 긴 재킷으로 단추가 한 줄인 앞여밈, 5개의 버튼(닻에 벚꽃으로 구성된 돌출된 금속 버튼)으로 여밈을 잠궜다. 포켓은 플랩 없는 세트 인 포켓으로 허리 부분 양 사이드에 부착되어 있었다. 겉 원단에는 서지가 사용됐지만 방한을 겸한 두꺼운 나사천을 사용한 것도 있었다. 군 하카마도 원단은 상의와 같다.

일러스트는 쇼와17년의 개정 이전의 이등병조, 상의의 오른쪽 팔 부분에는 ❶선행과와 병과의 이등병조를 나타내는 ❷관직구별장, 왼쪽 팔 부분에는 고등과포술장을 달고 있다. 산모양의 선행장은 성실히 3년간 근무하면 1개를 받을 수 있었다. 또 해군이나 사회에서 뛰어난 공헌을 하거나 전공을 올린 하사관·병에게 수여되는 특별선행장도 있었다.

탈부착식의 린넨제 칼라(학생복 칼라와 같은 모양)

◀상의

안 포켓(오른쪽에도 안 포켓이 있다)

린넨제 칼라: 탈부착 부분

칼라를 고정하는 갈고리 단추

사관용과 같은 위치에 사이드 벤츠가 들어가 있다

안감은 전안감

후면은 사관용과 같은 재단으로 슬기가 있다

▼린넨 속옷

군 하카마▶

벨트 고정용의 루프. 하 사관용의 군 하카마는 벨트를 거는 서스펜더를 사용해서 고정했다(태평양 전쟁 후기에는 간략화 되어 벨트만 착용했다).

허리 벨트 부분 뒤쪽에는 절개부가 있으며, 그 안쪽에는 서스펜더를 고정하기 위한 단추가 붙어 있다.

앞여밈은 단추 4개로 잠그는 방식이다

사관용과는 디자인이 다르고 칼라를 탈부착하는 것이 불가능하며 재질도 떨어졌다

태평양 전쟁 말기의 사관용 제3종 군장

전황이 악화되고 물자가 부족해진 쇼와 19년(1944) 8월, 청갈색의 제복만 착용하도록 정한「임시 해군 제3종 군장령」을 공포, 시행했다. 이것은 쇼와18년에 제정된 청갈색의 약장(오픈 칼라 정장형의 상의·군 하카마·약모로 구성)의 격을 높여, 제3종 군장으로 정식 채용한 것으로, 기본적으로 사관, 하사관·병의 제복은 동일했지만 실제로는 색만 같을 뿐, 디자인도 원단도 크게 달랐다.

일러스트는 제3종 군장의 약모 ❶(군의와 같은 천으로 턱끈은 포제. 사관용 약모에는 사관을 나타내는 검고 두꺼운 선이 2개 달렸다), ❷상의, ❸군 하카마를 착용한 해군 대위. 상의 밑에는 청갈색의 ❹와이셔츠, 감청색紺靆의 ❺긴 넥타이. 상의 밑에는 검대를 달았다. 신고 있는 것은 ❻반장화이지만 편상화등도 사용됐다. 제3종 군장이 제정된 시기는 태평양 전쟁 말기로, ❼군도(쇼와12년에 제정된 해군군도로 진타치陣太刀 양식으로 만듬)를 휴대하는 사관이 많았다. 제3종 군장에는 사관용이라도 서지가 아닌 린넨 원단을 사용한 것이 많이 제작되어 색도 청갈색이라 할 수 없고 통일성이 없었다(불가능했다).

◀약모전장

▼금장

금장 앞면(대위)

금장 뒷면의
고정 클립

금장 뒷면

▼제3종 군장

전면　　　　　　　후면

제3종 군장은 디자인을 간소화, 원단의 낭비가 없도록 작은 부분으로 분해·봉제 됐다. 그 때문에 옷에 솔기가 많다.
❶플랩이 붙은 패치 포켓(플리츠가 달려있다), ❷금색의 금속 누르는형 버튼(모두 4개의 버튼으로 잠궜다), ❸플랩달린 포켓(패치 포켓이 아님), ❹세미 피크트 라펠, ❺안감이 붙어 있지 않다, ❻인버티드 플리츠, ❼백 벨트, ❽사이드 벤트, ❾박스 벤트

하사관·수병용 군장

수병 및 하사관용의 군장 또한 제1종과 제2종이 존재했다. 그 구분이 정해진 것은 다이쇼3년(1914)부터로 그 이전에는 제1종에 해당하는 통상 군복, 제2종에 해당하는 하복 등으로 구분되었다. 제1종 병용 군장은 군모·나카기[中衣], 겉옷과 속옷 사이에 입는 옷·군의·군하카마·칼라장식 등으로 구성됐지만 하계에 착용하는 제2종 병용군장에는 나카기를 착용하지 않는다(군의 칼라가 그대로 밖으로 나와 있는 상태). 군의 및 나카기는 앞여밈이 없으며 앞가슴은 끈으로 고정한다. 군의의 칼라는 탈부착 할 수 있고 왼쪽 가슴 부분에는 감춰진 포켓이 달려 있었다. 또 군 하카마의 탈착은 버튼 잠금식인 바대의 탈부착으로 이루어졌다(수중에서 재빨리 군 하카마를 벗을 수 있도록 하기 위한 고안이었다). 제1종 군장의 군의 및 군 하카마의 원단은 감색의 나사천(방모를 치밀하게 엮어서 기모 처리한 원단으로 보온성이 높다), 제2종은 흰색 린넨이 사용됐다. 군모에는 금색 문자의 소속 함명과 닻마크가 들어간 페넌트를 두르고 있었지만 쇼와17년부터 소속 부대명을 은닉하기 위해서 「大日本帝國海軍」이라는 문자만 들어간 것으로 바뀌었다.

▼하사관 · 병용 제1종 군장

세일러 칼라로 불리는 독특한 칼라에는 백선이 한 개 들어가 있다

◀나카기용 칼라

칼라 장식

▼병용군모

페넌트

◀ 군의

▼병용 나카기

바대

◀ 제1종 병용 군 하카마

제1종 하사관·병용 군장은 동계용의 군장으로 나카기와 군하카마를 착용한 위에 군의를 겹쳐서 입는다. 이 때 나카기의 칼라를 바깥쪽으로 내고 군의의 칼라에 겹친다. 말하자면 제1종 병용군장에서 보여지는 세일러 칼라는 나카기의 칼라인 것

병용 제2종 군장 ▶

일러스트는 하사관·병용 제2종 군장을 착용한 이등수병.

❶병용군모, ❷제2종병용군의, ❸칼라 장식, ❹선행장, ❺비장臂章, ❻제2종 병용 군 하카마, ❼단화

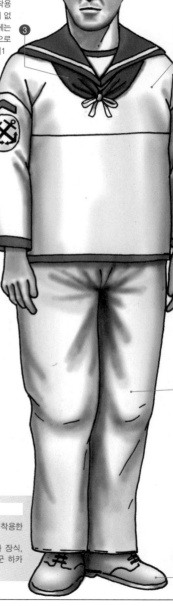

하사관 및 병의 계급장

하사관 · 병 비장(쇼와17년 개정 이전까지)

일등주계병조	이등항공병조	일등기관병조	일등병조
이등주계병조	이등항공병조	이등기관병조	이등병조
삼등주계병조	삼등항공병조	삼등기관병조	삼등병조
일등주계수병	일등항공수병	일등기관수병	일등수병
이등주계수병	이등항공수병	이등기관수병	이등수병
삼등주계수병	삼등항공수병	삼등기관수병	삼등수병

하사관 및 병의 계급장은 군의 양 팔 부분에 부착하는 비장이었다. 비장은 계급과 함께 병의 종류를 나타내고 정확하게는 관직구별장이라 불렸다. 등근형의 바탕에 각 병종 휘장을 올린 비장은 쇼와17년(1942) 10월의 개정 이전까지 사용됐고 그 이후 종전까지는 모든 병종이 같은 횡선, 벚꽃, 닻을 조합한 디자인을 사용했다. 이 비장에서는 병과마다 색이 다른 벚꽃 마크를 달아서 식별했다.

수병과의 벚꽃 마크는 황색. 여기서 말하는 수병과란 「병과」를 말한다. 해군에는 9개의 병종이 있으며 밑에서 예로 든 8개는 전문적인 병종이었던 것에 비해서 병과는 대포나 수뢰의 취급에서 무선통신, 함의 운항, 내화정의 운항 등, 여러 가지 업무를 소화하는 만능 일꾼 같은 존재로, 가장 인원이 많은 병종이었다.

하사관 · 병비장(쇼와17년 개정이후)

일등수병	상등수병	병장	이등병조	일등병조	상등병조

비장에 다는 각 병과의 벚꽃 마크

공작과	주계과	기술과	간호과	군약과	기관과	정비과	비행과

일본해군의 계급장과 각종휘장

일본 해군에는 사관과 하사관·병 사이에 명확한 신분 구별이 있었으며 사관 사이에도 명확한 구별이 있었다. 때문에 유능한 사관을 제때 등용할 수 없었으 며 일본 해군의 고질적 문제점이 되었다. 한편 하사관·병은 질적으로 매우 우수했으며 일본 해군의 토대를 이루었다 고 한다.

군모 및 전장

◀사관군모전장▶

▼하사관군모전장(쇼와17년개정 이후) ▼하사관군모전장(쇼와17년개정 이전까지)

◀사관군모

하사관군모(쇼와17년개정 이후)▲ 하사관군모(쇼와17년 개정 이전까지)▲

하사관·병의 우수함을 나타내는 특기장

태평양 전쟁에서 일본 해군의 하사관·병은 다른 나라의 해군에 비해서 굉장히 훌륭했다고 한다. 그 이유는 승진제도에 있어서였다. 병이 하사관 임용시험에 합격하기 위해서는 마크를 획득(특기장 획득자)하는 것이 꼭 필요했고 특기장 획득을 위해서는 술과학교(포술·수뢰·대잠·통신·전측·항해·기상·공기·공작·경리의 각 학교 및 해군 병원 연습부·해병단 연습부가 있었고 당시 기준으로 고도의 교육 내용을 자랑했다)의 보통과 연습생으로 졸업해야만 했다. 현역에서 하사관이 되는 것을 원한다면 근무성적과 술과학교의 과정에서 상위 성적을 거둬야만 했고, 승진을 원하는 병은 정근을 하면서 자는 시간도 아까워하며 공부해야만 했다. 노력하는 수병에 더하여 바닥부터 고초를 겪은 하사관이 우수한 능력을 갖추게 된 것은 당연한 일이었다.

또 병이 하사관으로 승진하기 위해서는 최단이라도 4년 반 정도 걸렸고(다만 비행과는 하사관으로의 승진이 빨랐고, 여기에 더하여 태평양 전쟁이 시작되면서 하사관의 부족으로 각과에서도 승진이 빨라졌다), 현역 하사관이 되면 6년간 의무적으로 복무해야 하지만, 이 사이에도 준사관으로 승진을 원하는 사람은 술과학교의 고등과(전문적으로 레벨이 높은 과정이었다)연습생으로 졸업할 필요가 있었다. 고등과를 수료하고 전문가를 목표로 하는 사람을 위해서는 특수과연습이라는 과정이 있었다.

▼특기장(쇼와17년 개정이전)   ▼개정 이후

고등과 신호술장 보통과 신호술장 고등과 전신술장 보통과 전신술장 고등과 수뢰술장 보통과 수뢰술장

보통과의 각종 훈련생 과정을 종료한 사람에게 주어진 보통과 특기장(쇼와17년 개정 이후에 제정)

고등과 전기술장 보통과 전기술장 고등과 정비술장 보통과 정비술장 고등과 경리술장 보통과 경리술장

고등과 포술장 고등과 측적술장 고등과 기관술장 보통과 기관술장 고등과 간호술장 보통과 간호술장

특수와, 전수과, 고등과 또는 비행술연습생의 교정을 졸업한 사람에게 주어진 고등과특기장(쇼와17년 개정 이후에 제정)

보통과 운용술장 보통과 의양술장 항공술장 특수과 군약술장 고등과 공작술장 특수과 공작술장

일본 해군 사관의 계급장

해군 사관이 되려면 해군병학교, 해군기관학교, 해군경리학교 중 하나를 졸업해서 임관하는 방법이 가장 일반적*이었다. 하지만 병학교 출신의 병과장교 이외의 사관에게도 함선부대를 지휘하는 권한(지휘승행권)을 부여할 수 있게 된 것은 다이쇼4년(1915) 군령승행령 발령부터였다. 이전까지는 기관과나 군의, 주계나 조선 등의 사관은 장교가 아닌 장교상당관으로 취급했다. 이후 다이쇼8년의 개정으로 장교상당관은 각과장교라는 명칭으로 바뀌고 이때부터 각과장교도 뱀눈 모양 수장을 달게 됐지만 병과 식별선으로 병과장교와 명확하게 구분했다.

또한 병에서 하사관, 준사관을 거쳐 승진한 사관을 특무사관이라 했는데, 이들도 사관이었지만 앞서 말한 해군의 학교출신자와 직무와 대우 등에서 명확하게 구분하고 있었다. 수장 또한 구별을 위해 예장과 제1종 군장 수장 밑에 금속제 벚꽃장을 3개 부착했다.

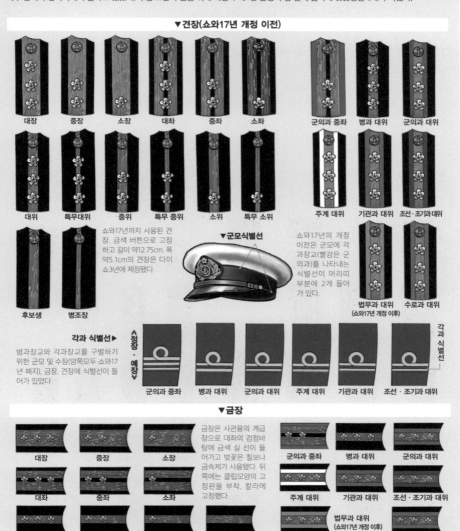

▼견장(쇼와17년 개정 이전)

대장　중장　소장　대좌　중좌　소좌　　　군의과 중좌　병과 대위　군의과 대위

대위　특무대위　중위　특무 중위　소위　특무 소위　　　주계 대위　기관과 대위　조선·조기과대위

후보생　병조장

쇼와17년까지 사용된 견장. 금색 버튼으로 고정하고 길이 약12.75cm, 폭 약5.1cm의 견장은 다이쇼3년에 제정됐다.

▼군모식별선

쇼와17년의 개정 이전은 군모에 각과장교(빨강은 군의과)를 나타내는 식별선이 머리띠 부분에 2개 들어가 있다.

법무과 대위
(쇼와17 개정 이후)　수로과 대위

각과 식별선▶

병과장교와 각과장교를 구분하기 위한 군모 및 수장(양쪽모두 쇼와17년 폐지). 금장, 견장에 식별선이 들어가 있었다.

〈정장·예장〉

군의과 중좌　병과 대위　군의과 대위　주계 대위　기관과 대위　조선·조기과 대위

각과 식별선

▼금장

대장　중장　소장　　　군의과 중좌　병과 대위　군의과 대위

대좌　중좌　소좌　　　주계 대위　기관과 대위　조선·조기과 대위

대위　중위　소위·특무소위　병조장·후보생

법무과 대위
(쇼와17 개정 이후)

수로과 대위

금장은 사관용의 계급장으로 대좌의 검정바탕에 금색 실 선이 들어가고 벚꽃은 칠보나 금속제가 사용됐다. 뒤쪽에는 클립모양의 고정판을 부착. 칼라에 고정했다.

구 해군의 전통을 이은 아시아 유수의 해군

해상자위대

일본 해상자위대의 계급장에는 갑, 병, 을 및 약장이 있다. 갑 계급장은 상장동복, 병 계급장은 제1종 및 제3종 하복, 을 계급장은 와이셔츠(간부 및 준해위) 및 작업복(전계급)의 숄더 스트랩에 각각 부착한다.

갑 계급장은 간부 및 준해위가 상의의 양 소매에 다는 수장으로 이것은 영국해군이나 미합중국 해군의 사관용 제복에서 따라 한 것이다. 구 해군은 제1종 군의나 통상예장에는 뱀눈 모양 수장을 부착하고 있었지만 해상자위대에서는 금선에 앵장으로 구성되어 있다. 또 병 계급장도 간부 및 준해위는 숄더 보드형으로 하복의 어깨 부분에 부착한다.

한편 해조장 이하는 갑 및 병 계급장과 함께 왼쪽 위 팔뚝 부분에 부착하는 완장을 사용하며 약장은 항공복장 등, 일부 특수복장에먼 부착하기에 을 계급장 쪽의 사용 빈도가 훨씬 높다. 을 계급장의 디자인은 병 계급장과 같다.

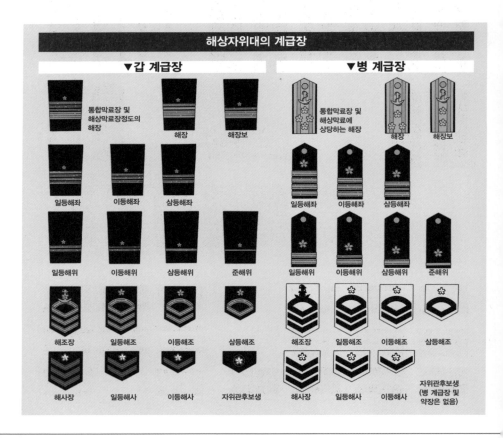

해사장 및 해사의 상장

해사장 및 해사용의 상복에는 동복, 제1종 하복, 제2종 하복, 제3종 하복이 있다. 이 중에 남성자위관은 동복, 제1종 하복과 함께 세일러모형의 정모, 세일러 칼라가 달린 긴 소매 셔츠와 나팔 바지, 스카프, 검정 단화(해조장 이하는 동복하복 모두 검정 단화)의 구성이지만 동복과 하복에서는 옷 색이 달랐다. 동복은 검정(짙은 남색)의 상하, 하복은 흰색 상하로 동복에는 왼쪽 위 팔 부분에 갑 계급장, 하복에는 병 계급장을 각각 부착한다. 정모는 공통으로 크라운 부분이 흰색, 띠 부분에 검정(짙은 남색)의 페넌트가 둘러져 있다. 동복과 제1종 하복 모두 1954년의 해상자위대 창설 시에 제정된 디자인이 그대로 이어져 왔다. 제3종 하복은 1958년에 하계용 약의로 제정되었던 것이 1970년에 들어 제3종 하복으로 제정되었다. 상의가 세일러 칼라가 붙지 않은 오픈식의 반소매 셔츠로, 왼쪽 팔 부분에 패치 포켓이 있다. 제3종 하복에는 왼쪽 위 팔 부분에 병 계급장을 부착한다.

왼쪽 일러스트는 제1종 하복을 착용한 해사. ❶구 해군이래의 전통인, 띠 부분이 선 베레모 같은 해사장 및 해사용 정모, ❷띠 부분에는 소속부대 등의 금색 문자가 들어간 페넌트가 둘러져 있다. ❸제1종 하복 상의, ❹의식용의 백색 피스톨 벨트, ❺바짓단으로 갈수록 폭이 넓어지는 전통적인 나팔 바지. 넉넉하게 만들어져 있다. ❻검정 단화, ❼64식 7.62mm 소총(반자동/자동 사격이 가능한 일본제 자동소총)

해사장 및 해사용의 통상 예장을 착용한 해자대원. 통상예장은 동복에 흰 장갑을 착용, 흰색 탄띠를 찬다. 해사장 이하의 대원은 동복에는 왼쪽 위 팔 부분에 갑 계급장을 부착한다. 사진의 오른쪽 및 가운데의 대원이 계급장과 함께 왼쪽 팔에 달고 있는 것은 정근장.

▼상장 동복 상의

전면

동복에는 가슴 및 등 부분에 솔기가 달려있다.

박스 포켓
스카프

후면

세일러 칼라는 탈부착 가능 동복과 하복 공통으로 흰 선이 2개 들어가있다.

스냅 잠금식 셔츠형 커프스

동복에는 커프스에 2개의 흰 선이 들어가 있다

해상자위대의 상장(제복 또는 근무복)에는, 동복(1954년 제정), 제1종 하복(1958년 제정의 제2종하복을 1996년에 제1종으로 변경), 제3종 하복이 있다. 남성용 상장은 간부 및 준해위가 공통의 디자인. 하지만 계급장이나 휘장류의 형식과 탈부착 위치가 다르고 도 정모의 턱 끈이나 모장도 틀리다. 한편 여성용은 동복하복 모두 간부조사공통 디자인으로 남성용과 같이 계급장의 모양과 휘장류의 부착 위치로 구별하고 있다.

남성간부용상장동복

디자인은 미합중국 해군의 사관용근무복 드레스 블루와 같다. 남성간부용은 더블 단추인 슈트형, 여성용은 리퍼 칼라의 피코트와 비슷한 디자인으로 돼 있다. 소재는 재봉에 따라서 다르지만 기성복으로는 울, 반기성복으로는 아크릴 등이 겉감으로 사용됐다. 남녀모두 소매 부분에 갑 계급장을 단다.

오른쪽 일러스트는 상장동복을 착용한 해장. 상의의 소매에는 해장을 나타내는 갑계급장(수장)을 달고 있다. 해자의 간부자위관이 착용하는 상장동복은 검정색의 더블 단추형 재킷의 상의, 검정색의 바지, 정모, 검정 단화로 구성됐다. 상의 밑에는 흰 와이셔츠와 검정 타이를 착용한다. 상장동복은 1954년 해상 자위대창설 당시에 제정된 디자인으로 이후 바뀌지 않았다.

❶간부정모(닻과 고리를 중심으로 상부에 벚꽃, 주위에 벚꽃 잎을 배합한 모장과 금색의 턱끈이 달리고, 2좌 이상은 모자의 차양에 금색 실로 잎 모양의 자수가 들어간다. 장관용의 차양 모양은 잎수가 많다), ❷수상함정휘장, ❸방위기념장, ❹동복상의, ❺수장(갑 계급장과 벚꽃장), ❻동복바지, ❼단화(검정 가죽제와 인조 가죽제가 있다), ⓐ피크트라펠형 칼라, ⓑ허리 슬기(허리 부분의 세로주름이 들어가 있다), ⓒ양 허리 부분의 플랩이 붙은 슬릿 포켓, ⓓ더블 버튼의 앞여밈, ⓔ닻 마크를 부조로 넣은 금색 버튼

화롭옥 해상자위대 간부용의 제 1종 하복(대원8988)을 착용한 해장. 호를옥은 간부용 제3종 하복. 정모, 반 소매 오픈 서츠, 슬랙스, 흰색 단화로 구성된 약의. 병계급장8을 부착한다.

여성 상장 제 1 종 하복

일러스트는 제1종 하복을 착용한 여성간부(일등해위항공의관). 여성용 상장 제1종 하복(1974년 제정)은, 제1종 하복 상의, 스커트(슬랙스도 있음), 정모, 와이셔츠, 타이, 단화(여성용 제1종 및 2종. 슬랙스 착용 시에는 3종), 병 계급장으로 구성된다. ❶간부 정모(여성자위관용 정모는 미합중국 해군의 여성용 정모와 비슷한 디자인으로 간부·조사공통. 뒤쪽에 리본이 달려있다. 모장은 남성과 같은 디자인이지만 크기가 조금 작고, 간부용 정모는 금색 턱끈이 달린다), ❷제1종 하복 상의(우측 여밈의 포 버튼 재킷으로 홑겹이며 뒷면 중앙에 슬릿이 들어간다), ❸인버티드 플리츠 스커트(하복 스커트는 활동적이며 다리가 길어 보이도록 정면 중앙에 주름이 들어있고 오른쪽 측면에는 포워드 포켓, 왼쪽 측면에는 오픈 지퍼와 클래스프가 있다), ❹여성용 2형 흰색 단화(간부 및 준해위는 제1종 하복 착용 시에 흰색 단화를 신는다), ❺방위기념장, ❻항공의관휘장, ❼병 계급장(간부 및 준해위의 상장 제1종 하복과 제3종 하복으로 착용한 숄더 보드형 계급장. 제1종 하복에는 양어깨에 계급장을 부착하는 루프가 있다), ⓐ 테일러 칼라, ⓑ좌우 소매입구에 금색 버튼이 2개, ⓒ허리부분에 플랩이 붙은 슬랜트 포켓, ⓓ재봉선이 들어 있다, ⓔ가슴 부분의 박스 포켓

정모휘장▶

오른쪽이 간부 및 준해위용. 왼쪽이 해조장 및 해조용. 서로 비슷한 디자인 이지만 간부 및 준해위용은 닻 주위에 테두리가 쳐져 있는 점이 다르다.

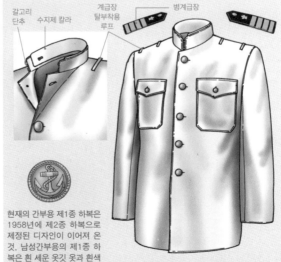

▼해자간부용 제1종 하복상의

갈고리 단추
수지제 칼라
계급장 탈부착용 루프
병계급장

현재의 간부용 제1종 하복은 1958년에 제2종 하복으로 제정된 디자인이 이어져 온 것. 남성간부용의 제1종 하복은 흰 세운 옷깃 옷과 흰색 바지, 정모, 흰색 단화로 구성되어 있다. 제1종 하복에는 병 계급장을 착용(간부 자위관은 어깨 부분에 숄더 보드형의 계급장을 단다). 일러스트는 제1종 하복상의의 재킷. 갈고리 단추로 잠그는 세운 옷깃. 앞여밈은 단추가 한 줄인 5개 버튼으로 잠근다. 양 가슴에 플랩이 붙은 패치 포켓이 달렸고 안감을 따로 대지 않았다.

호위함에는 「과」라는 편제와 「부서」라는 배치가 있다. 과는 주어진 업무를 수행하는 부서로, 함장을 대장으로 부장, 포뢰과, 선무과, 항해과, 기관과, 보급과, 비행과, 위생과가 편제되어 있으며, 각 과는 과장 밑에 간부와 조사가 배치되어 있다. 한편 부서라는 배치는 크게 나누어 전투, 긴급, 작업부서로 구성되어 있다. 예를 들어 전투 시에는 포뢰과요원으로 砲雷科員으로 전투부서에 투입되지만 평상시에는 작업부서로 정박이나 양묘 揚錨, 닻을 올림작업에 배치되어 일하게 된다.

또, 업무상의 편제인 과에 대응하는 생활상의 편제로 분대가 있다. 보통 제1분대에서 제5분대까지 있고 각 분대는 분대장을 톱으로 분대사가 인사에서 후생까지의 서무를 담당하며 사람 수가 많은 분대는 다시 반이라는 세세한 편제 단위로 구성된다. 각반은 반장이 통솔하며 조퍼클래스가 반장을 맡게 된다. 호위함의 탑승원들은 입항 중에는 물론 항해 중에도 함내에서 여러 가지 작업을 한다. 이때 착용하는 것이 바로 작업복장과 특수복장이다.

전투복장

수상함정승원이 전투시나 갑판위에서 위험한 작업 때 착용하는 특수복장으로 작업복 위에 케이프(구명조끼)를 착용한다. 88식 철모를 쓰고, 단화 1형을 신고 있다. 단화를 신는 것은 수중에서 간단하게 벗을 수 있도록 하기 위해서이다. 구명조끼는 탄산가스로 부낭을 부풀리는 팽창식이 아닌 내부에 부력체가 되는 발포 플라스틱 등의 고형물이 충전되어 있는 고형식이다. 일러스트의 구명조끼는 신형으로 종래의 조끼에 비해서 얇고 몸에 딱 맞게 밀착되는 타입이다. 또 국제 공헌을 위한 해외파견과 외국의 군대와 공동으로 훈련이나 임무를 수행하는 기회가 많아져서인지 왼쪽 팔에 일장기와 JAPAN의 문자가 들어간 태그가 달려 있다. 참고로 「케이폭 Kapok」은 제2차 세계대전 중에 사용된 구명조끼 명칭의 잔재로 아욱과에 속하는 낙엽고목 케이폭의 열매에서 채취하는 발수성이 높은 섬유를 부력재로 사용한 것에서 유래한다. 해상자위대에서 사용되고 있는 구명조끼는 헬멧과 같은 회색이며 야간에 바다에 빠졌을 때 발견되기 쉽도록 양 가슴 부분에 반사재가 달려 있다. 또 전투복장에 남녀 차이는 없다.

일러스트에는 그려져 있지 않지만 구명조끼에 소속하는 표준 장비품으로 호루라기가 있다. 목소리보다도 고음으로 큰 소리를 내는 호루라기는 소리를 듣기 어려운 갑판위에서의 작업 지시에 사용되면서 바다에 빠졌을 때 구조에 쓸 수 있는 중요한 서바이벌 용구다.

전투복장(해조사용) ▶

❶88식 철모(철모 밑에는 해조사용의 ⓐ작업모를 쓰고 있다. 해조사용 작업모는 베이스볼 캡과 비슷한 모양으로 정면에 모장이 달려 있다. 작업모 외에 식별모를 쓰는 일도 있다), ❷해조사용 제1종 작업복 상의, ❸뒤 왼쪽 힙 포켓에 넣은 수건(수건은 땀을 닦는 삼각건, 꼬아서 로프 대용으로 하는 등 여러 가지 용도가 있다), ❹단화 1형(검정 가죽제, 물에 잠겨서 끈이 딱딱해지거나 물을 먹어서 무거워지지 않는 소재가 사용됐다), ❺양말(바지의 옷단은 방해되지 않도록 양말 안으로 넣는다), ❻구명조끼가 수중에서 걸돌지 않도록 하기 위한 스트랩, ❼구명조끼

해조사 제1종 작업복 ▶

바지 뒷 기장의 힙 부분 양쪽에 버튼 잠금식의 힙 포켓이 달려 있다.

해상자위대의 작업복장 상하

작업복장은 함상과 육상에서 훈련이나 작업을 할 때 착용하는 복장으로 통상 근무 시에도 필요한 경우는 착용한다. 제1종 및 제2종 작업복 상의(제1종은 긴소매의 와 이셔츠형, 제2종은 반소매 오픈 셔츠형), 작업복 바지, 작업모 또는 약모, 편상화, 단화 또는 작업화, 을 계급장으로 구성되어 있고 여성용과 남성용이 있다(여밈이 반대로 되어 있을 뿐 칼라 형과 포켓 등의 기본 디자인은 공통이지만 여성용은 몸 의 굴곡에 맞춘 재단과 봉제가 이루어져 있다). 또 간부용과 해조사용에는 옷의 디 자인 자체는 똑같지만 옷의 색이 다르다. 작업복 및 작업모는 간부가 남색, 해조사 는 짙은 청색으로 구별되고 한눈으로 식별 할 수 있다.
작업복은 하계 이외에 사용하는 제1종이 폴리에스터 100%의 조금 두꺼운 원단을 사용한 상의와 바지, 하계용의 제2종은 린넨과 테트론 혼방인 얇은 원단의 상하의 로 되어 있다. 작업복 바지는 포제의 작업복 벨트(버클은 플라스틱제)로 허리에 고 정하지만 벨트도 작업복과 같은 색으로 간부와 해조사로 구별되어 있다. 바지는 허 리 밴드 부분에 조절(어저스트 벨트와 스토퍼를 배합한 슬라이드식)이 달려 있어서 몸에 맞추어서 어느 정도 허리부분을 조절 할 수 있다.

간부용 제1종 작업복 ▶

❶숄더 스트랩에 계급장을 단다, ❷플랩이 붙은 패치 포켓, ❸을 계급 장, ❹스토퍼, ❺어저스트 벨트, ❻바지 앞판, ❼고정 훅, ❽앞여밈 지 퍼, ❾턱Tuck, ❿포워드 포켓, ⓫단추 잠금, ⓬허리 밴드

오른쪽 일러스트는 간부용의 제1종 작업복장과 작 업모를 착용한 해상자위대 여성 간부(일등해위). 작 업복장은 항해 중의 자위함의 경우, 원칙적으로 전 원이 착용한다. 동계용과 하계용이 있곤 동계용은 가볍고 즉 건조성이 높은 폴리에스테르의 혼방제를 하계용은 흡습성이 높은 코튼과 폴리에스테르의 혼 방제, 작업복장 상의 밑에는 흰 내의를 착용하는 것 이 정해져 있다. 또 작업복장의 바지 뒤판, 오른쪽 힙 포켓에는 장갑, 왼쪽 힙 포켓에는 수건을 넣고, 낙하방지를 위해서 벨트로 끼운다. 작업복장에는 간 부용의 남색과 해조사용의 짙은 청색이 있고 계급과 성별에 따라 세부 디자인이 다르게 되어 있다. 작업 복장에는 숄더 스트랩에 계급장(검정색 통 모양의 바대에 간부, 해조사의 계급을 자수한 것)을 부착한다. ⓐ간부용 작업모(구 해군의 전투모와 비슷한 모양), ⓑ함명, 담당임무, 성명을 자수한 태그(간부용은 검 정 바탕에 오렌지색 실로 테두리와 문자가 자수되어 있다), ⓒ해자안전화

해상자위대의 특수복장과 각종 휘장

해상자위대에는 여러 가지 임무에 따른 특수복장이 있는데 여기서는 작금의 국제정서를 반영한 출입검사복장과 호위함을 지키기 위해서 빠질 수 없는 소방복장(소화작업용 개인장비)를 살펴볼까 한다.

[오른쪽] 2012년부터 보급이 시작된 해상자위대 독자의 위장복. 블루를 기본으로 한 디지털 도트 패턴으로 미합중국 해군의 작업복 같이 작은 닻 마크가 패턴 안에 여기저기 박혀 있다.

◀ 소화작업용 개인장비

❶소화용 헬멧(페이스 실드가 달려 있다. 헬멧 오른쪽에 부착한 것은 라이트), ❷레귤레이터, ❸공기압 게이지, ❹산소봄베 고정 벨트, ❺방화 부츠, ❻방화의(상하 분할의 세퍼레이트형이 아닌 재빠르게 착탈할 수 있는 커버 올형. 소재에는 폴리아라미드나 PBO섬유등의 복합섬유를 사용하고 공간을 둔 다층구조로 만들어 내화내열성을 높이고 있다), ❼산소 봄베를 짊어지는 벨트, ❽공기공급 호스, ❾마스크(풀 페이스형의 산소 마스크로 레귤레이터부분은 탈부착식. 통화장치가 내장되어 있다)

▼ 부력기능이 있는 방탄 조끼

[아래] 1999년에 성립된 주변사태법周辺事態法에 의거, 일반선박에 대한 해상자위대의 해상저지행동이 가능하게 됨에 따라, 필요에 따른 출입검사를 실시하기 위해 편성된 것이 입입검사대立入検査隊, Maritime Interception Team이다. 입입검사대는 호위함 마다 편성되어 있고 대원은 사진 같은 장비를 몸에 지닌다. 강화 플라스틱제 헬멧, 부력기능이 있는 방탄 조끼, 무전기, 9mm 권총 등 총중량은 20kg이상에 이른다고 한다.

위 일러스트는 호위함 내에서 화재가 일어났을 때 소화작업을 담당하는 대원이 착용하는 장비. 행동 중의 호위함의 함내에는 승무원들이 각각의 배치에 붙어 있어서 소화를 전문으로 하는 승원은 대부분 없기 때문에 긴급 시에 편성된 소방단 같은 함내조직(긴급부서배치)가 소화에 임한다.

(Photos : JMSDF)

해상자위대의 각종휘장

◀수상함정휘장

선박의 운행 또는 기관에 관한 자격을 필요로 하고 또한 잠수함을 제외한 호위함에 4년 이상의 승선경험을 가진 해상자위관이 착용. 은색의 휘장은 해상막료장이 정한 자만이 착용한다.

◀잠수함휘장

지정된 잠수함탑승원의 훈련과정을 수료하고 또한 잠수함의 승선경험이 6개월 및 승선경험이 3년을 넘는 해상자위관이 착용. 은색 휘장은 해조장 이하가 착용한다.

◀잠수원휘장

잠수에 관한 교육훈련과정을 수료한 해상자위관이 착용. 은색은 해조장 이하가 착용한다.

◀항공휘장

조종사또는 항공사의 항공총사자기능증명을 가진 해상자위관이 착용. 금색은 조종사, 은색은 항공사(항법을 뺀)가 착용한다.

◀항공관제휘장

국토교통대신이 정한 항공교통관제기능증명을 가진 해상자위관이 착용. 은색은 해조장 이하가 착용한다.

◀항공의관휘장

항공의학의 교육 훈련을 받고, 항공신체검사 등의 실무경험을 2년 이상 가진 해상자위대 의관이 착용한다.

◀잠수의관휘장

잠수의학의 교육훈련을 받고 잠수원의 건강진단 등의 2년 이상의 실무경험을 가진 해상자위대의 의관이 착용한다.

▼선임오장식별장

2003년에 제정 된 해상자위대의 선임 오장 제도로 기본으로 정해진 휘장.

《해상자위대 선임 오장》 《자위함대동 선임오장》 《경위해조식별장》

정복의 각종 휘장 부착법▶

정복(근무복)에는 계급장 및 각종 휘장, 방위기념장 등을 부착한다. 일러스트는 남성 간부용의 상장 동복 상의로 양 팔에 줄무늬의 금색 띠와 금실 자수로 된 벚꽃장을 달고 있다. 제복의 왼쪽 가슴에는 항공휘장 등의 자격을 나타내는 각종 휘장. 그 밑에는 방호기념장을 각각 부착한다.

▼ 수상함정휘장   ▼ 항공의관휘장

왼쪽 가슴부분의 박스 포켓 위에는 수상함정휘장과 항공의관휘장 등 특정 기능을 가진 것을 나타내는 휘장을 부착.

▼제12호 방위기념장   ▼제14호 방위기념장

방위기념장은 자위관이 근무대행상의 공적으로 표창이나 경력과 보직을 기념해서 제복에 착용하는 것. 왼쪽 가슴 부분의 박스 포켓 위에 부착한다. 기능등을 나타내는 휘장도 착용하는 경우는 휘장을 방위기념장 위에 단다.

벚꽃장

제복 단추

닻 마크를 부조로 한 금속제 금색 단추

금색 자수 휘장

중국 인민해방군 해군

중국공산당의 지도 아래에 있는 인민해방군의 해군부문을 짊어진 것이 인민해방군해군이다. 1980년대부터 외양형해군*을 목표로 하고, 근년에는 주변국에 많은 영향을 끼치고 있다. 타군과 마찬가지로 2007년부터 장병의 제복과 계급장 등을 일신했다. 특히 해군의 경우에는 인민해방군 공통 디자인의 제복이 있으면서도 리퍼 재킷과 세일러복을 도입하는 등, 미합중국 해군을 강하게 의식하고 있는 것으로 보인다.

인민해방군 해군 군관의 제복

일러스트는 인민해방군 해군의 군관(장교)으로 프리깃 탑승원 상위. 군관용 정모를 쓰고 2007년에 제정된 해군의 군관용 상장동복(추동용 근무복)을 착용하고 있다. ❶군관용 정모(군관용 정모 차양부분에는 잎 모양으로 디자인된 자수가 들어간다. 턱끈은 꼬인 끈체. 색은 대교 이하가 그레이, 장관은 금색. 정모의 휘장은 인무해방군의 것으로 육해공 공통), ❷약장, ❸해군 패치, ❹동복(색은 거의 검정에 가까운 다크 블루의 상하. 상의는 피크드 라펠의 칼라가 달린 더블 단추식의 재킷. 모든 리퍼 재킷에는 가슴에서 포켓의 플랩에 걸쳐서 솔기가 들어가고 허리 부분의 포켓은 플랩이 달린 슬릿 포켓으로 돼 있다. 슬랙스는 앞 지퍼식. 하계에는 검정 타이에 셔츠와 흰색 슬렉스를 입고 연장을 부착하는 것이 일반적이지만 흰색 재킷에 슬랙스를 착용하기도 하는데, 이쪽은 퍼레이드용이지만 종종 하계 근무복으로도 사용된다고 한다. 흰옷 상하의 디자인은 3군 공통), ❺수장, ❻검정 가죽 단화, ❼금색 단추(닻 마크가 각인된 금속제 단추), ❽명찰, ❾해군 휘장

사진은 미합중국 해군 함정을 방문한 중국해군의 장병. 전원이 하복을 착용하고 있다. ①군관으로 흰 셔츠와 슬랙스에 타이를 착용. 소교의 견장을 부착하고 있다. ②은 사관으로 사급사관의 계급장을 장착하고 있다(사관의 제복은 군관과 같다). ③은 상등병. 병사라 불리는 계급(상등병 및 수병)은 세일러 복을 착용한다. 착용하고 있는 것은 상장하복으로 흰 세일러 복 상하. 상의 밑에는 보더셔츠를 입고 있다. 다른 나라의 해군에는 세일러 복에 부착하는 계급장은 완장이지만 세일러복에 숄더 스트랩이 달리고 거기에 약장 같은 계급장을 꿴 부분이 흥미롭다. 장병이 장착하고 있는 계급장은 2009년 개정 이전의 것. 잘 보면 군관만이 연장(肩章, 견장)을 부착하고 있다.

미합중국에서 온 귀빈을 맞이한 항공모함「라오닝遼寧」의 함내. 동복을 착용한 의장대가 맞이하고 있다. 왼쪽 구석에 보이는 것은 J-15 함상전투기로 추정된다.

인민해방군의 계급장
(해군: 2007년 개정이후)

인민해방군에서는 장교를 군관, 하사관을 사관, 병을 병사라고 한다. 2009년에 사관현역 계급제도 개정과 함께 계급자체가 개정되면서, 이전까지 6급 사관~1급 사관까지 6계급이었지만 7계급으로 바뀌면서 고급 사관, 중급 사관, 초급 사관이라는 3개 등급으로 분류되기 시작했다(2009년 이전 계급장은 인민해방군 육군 참고).

사관과 병은 지원제(법률상으로는 징병제라고 한다)로 사관은 임기에 따른 복무제도(계급에 따라 현역으로 있을 수 있는 기간을 정하고 있다)가 적용되는데, 이전까지는 제1기(일급사관)와 제2기는 각 3년, 제3 및 제4기는 각 4년, 제5기는 5년, 제6기는 6년으로 정해져 있었다. 하지만 사관 중에서 현역 복무 희망자가 많아져서 현역 복무 기간을 개정하고 초급사관은 최고 6년, 중급사관이 최고 8년, 고급사관은 14년 이상의 현역 복무가 가능하게 되었다. 이 개정으로 사관 계급장은 1개 늘어서 일급군사장~4급 군사장, 상사~하사까지 7계급을 사관으로 하고 고급사관 이하의 계급장 디자인도 새로워 졌다. 이 개정으로 해군의 중핵을 짊어진 사관의 수를 일정 수 확보할 수 있게 됐다.

일러스트는 2009년 이후의 계급장으로, 바탕색이 검정인 것은 연장이며 군관 및 사관은 상장 하복에 병사는 상장 하복, 상장 동복에 부착한다. 군관은 상장 동복에는 수장을 부착한다.

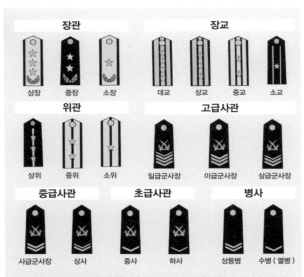

장관		
상장	중장	소장

장교			
대교	상교	중교	소교

위관		
상위	중위	소위

고급사관		
일급군사장	이급군사장	삼급군사장

중급사관		초급사관		병사	
사급군사장	상사	중사	하사	상등병	수병 (열병)

바탕색이 금색 계급장은 예장용(경장)으로, 군관이상이 부착한다. 디자인은 전군 공통이지만 바탕색은 육군이 파인그린, 공군이 다크 블루로 다르다.

군관 (장교) 수장									
상장	중장	소장	대교	상교	중교	소교	상위	중위	소위

제 3 장
공군

인간이 하늘을 날 수 있게 된 것은 1 세기 정도에 불과하지만,
항공기의 급격한 발달은 「공군」 이라는 새로운 군종을 탄생시켰다.
군대로서의 역사는 짧은 공군이지만 현대전에 있어
필요불가결한 존재인 것은 누구도 부정할 수 없을 것이다.
공군 군장의 큰 특징은 육해군에는 없는 하늘을 날기 위한
여러 가지 장비가 포함되어 있다는 점이다.
제 3 장에서는 각국 공군의 유니폼에 대하여 해설하고자 한다.

영국 공군

1918년에 창설, 세계에서 가장 긴 역사를 지닌 영국 공군. 제2차 세계대전 당시, 배틀 오브 브리튼Battle of Britain*을 시작으로 여러 차례의 전투에 승리, 현재까지 이어지는 빛나는 전통을 자랑한다. 그 때문인지 제복도 전통을 계승한 디자인이다.

영국 공군의 근무복에는 블루 그레이 재킷과 슬랙스를 조합한 No.1 서비스 드레스, 재킷 대신에 같은 색의 스웨터를 착용하는 No.2서비스 드레스(풀), 상착은 착용하지 않고 상체가 긴 소매 또는 반소매 와이셔츠 뿐인 No.2A 및 B, 블루 셔츠를 착용하는 No.2C, 그리고 No.3 위장 전투복이 있다. 또No.1 서비스 드레스는 넥타이를 검정 나비 넥타이로 바꿔서 통상예장의 No.4로도 사용되고 있다.

또 영국 공군의 제트기에 탑승하는 파일럿과 무장통제사의 비행장비는 개성적이며 대단히 합리적으로 만들어진 것이 특징이다.

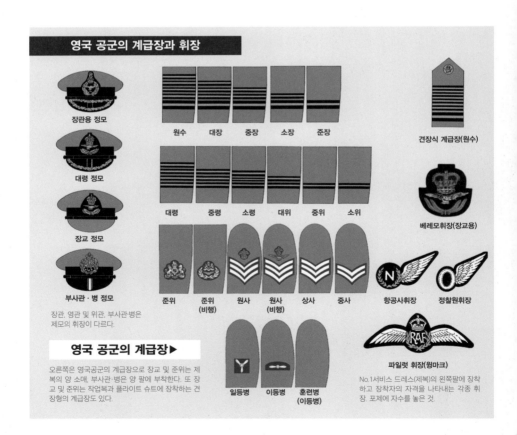

영국 공군의 계급장과 휘장

장관용 정모

대령 정모

장교 정모

부사관 · 병 정모

장관, 영관 및 위관, 부사관병은 제모의 휘장이 다르다.

원수　대장　중장　소장　준장

대령　중령　소령　대위　중위　소위

준위　준위(비행)　원사　원사(비행)　상사　중사

일등병　이등병　훈련병(이등병)

견장식 계급장(원수)

베레모휘장(장교용)

항공사휘장　정찰원휘장

파일럿 휘장(윙마크)

No.1서비스 드레스(제복)의 왼쪽팔에 장착하고 장착자의 자격을 나타내는 각종 휘장. 포제에 자수를 놓은 것

영국 공군의 계급장 ▶

오른쪽은 영국공군의 계급장으로 장교 및 준위는 제복의 양 소매, 부사관·병은 양 팔에 부착한다. 또 장교 및 준위는 작업복과 플라이트 슈트에 장착하는 견장형의 계급장도 있다.

No.1 서비스 드레스

밑의 일러스트는 퍼레이드용에 No.1 서비스 드레스를 착용한 장교(왼쪽)과 병(오른쪽). No.1 드레스는 계급장의 부착 방법이 다르지만 옷의 모양은 장교용과 부사관·병용 모두 비슷하다. 두드러진 차이라면 상의 양 허리 부분의 포켓 모양이 장교용은 플랩이 붙은 주머니 포켓, 부사관·병용은 플랩이 붙은 슬릿 포켓으로 되어 있다는 점이다. 또한 서비스 드레스 밑에는 장교, 부사관·병 모두 와이셔츠와 짙은 회색 타이를 착용한다. 통상은 장교, 부사관·병 모두 포제 허리 벨트를 착용하지만, 퍼레이드용으로는 장교는 사벨을 패용하기 위한 장식 벨트, 부사관·병은 흰색 가죽 벨트를 착용한다.

No.1 서비스 드레스의 디자인은 제2차 대전 당시와 거의 바뀌지 않았지만 상착의 앞여밈의 4개의 금단추 중 제일 밑 단추 위치가 바뀌었다. 대전 중의 근무에서는 4개의 금색 단추 모두가 공군 마크가 달린 금속 단추로 제일 밑의 금색 단추는 포제 허리 벨트 밑에 숨겨져 있는 것처럼 배치돼 있었다. 지금의 옷에는 금색 단추가 3개만 보이고 제일 아래쪽 단추는 허리 벨트 밑으로 이동했다. 보이는 3개의 금 단추는 공군 마크가 달린 금속 단추지만 허리 벨트 밑의 보이지 않는 단추는 표면이 평평한 금속제로 되어 있다.

덧붙여서 장교용 No.1 서비스 드레스는 1947~1951년 사이에 한해서 디자인이 변경된 적이 있는데, 먼저 설명한 단추의 위치와 양 허리 부분의 플랩이 붙은 주머니 포켓이 슬릿 방식으로 되어 있었지만 일선의 평이 좋지 않아, 원래의 포켓 모양으로 돌아와 현재에 이르고 있다. 서비스 드레스의 원단은 울과 화학섬유 혼방이며 안쪽 전체에 안감을 대었다.

▼장교용 No.1 서비스 드레스   ▼부사관·병용 No.1 서비스 드레스

위 사진은 영국 공군의 여성 파일럿. 지상근무를 하고 있기 때문에 검정 베레모에 OCP (멀티캠과 비슷한 위장)의 위장전투복 상하를 착용하고 있다. 상의 왼쪽 가슴에는 자수가 들어간 포제 파일럿 휘장, 앞여밈 부분에는 파일럿 오피서(소위에 해당)의 계급장, 오른쪽 가슴에 ROYAL AIR FORCE의 문자가 들어간 태그를 부착. 신고 있는 것은 통상 데저트 부츠다.

영국 공군은 근무복으로 DPM패턴의 위장 전투복(컴뱃 솔저 95 또는 No.3서비스 드레스)을 인정하고 있지만 아프가니스탄에 파견된 ISAF 병력은 육군과 마찬가지로 2012년에 OCP를 근무용 위장 전투복으로 채용했다.

「배틀 드레스(전투복)」라는 명칭은 1930년대에 보다 전투에 적합한 신형제복을 찾고 있었던 영국 육군이 개발한 것으로, 첫 전투 전용복이 바로 37형 전투복이었다. 그리고 이 37형을 베이스로 개발된 것이 영국 공군의 전투복이었는데, 작업복 겸 근무복으로 채용되었다. 항공기 승무원은 이 전투복(블루 그레이라 불렸다) 위에 비행 장비를 착용하고 비행기에 탑승했다.

《1941년형》 《1933년형》

◀플라이트 글러브

영국공군의 표준적인 플라이트 글러브(비행장갑)로 손목 안쪽 부분에 탈착용 지퍼가 달려 있다. 바깥쪽은 어빈 재킷과 같은 소가죽제, 안쪽은 플리스가 들어가 있다.

차광판
고글 고정 벨트
헤드폰 (스피커)
산소 마스크 고정 고리
산소마스크 덮개용 스냅
Mk. VII 플라이트 고글

▲ C형 플라이트 헬멧

1941년부터 지급이 시작된 C형 플라이트 헬멧. 다크 브라운으로 물들인 산양 가죽으로 만들어졌다.

◀플라이트 부츠

바깥쪽은 수에드, 안쪽은 플리스로 된 비행용 부츠로 신발 바닥과의 접합부 주위에 가죽을 덧씌워 견고하게 만들어졌다. 영국 공군의 항공기 승무원들이 사용한 표준적인 디자인의 비행용 부츠중 하나이다.

《1939년형 비행 부츠》 《1941년형 비행 부츠》

▲어빈 재킷

영국 공군의 파일럿들이 애용한 가죽 재킷 겉에는 소가죽, 안감으로는 양가죽이 사용되었다. 일러스트는 방한을 위해 보온용 전열선을 내장시킨 타입으로 옷단에서 나와 있는 것은 코드 소켓이다.

◀ 블루 그레이

공군의 블루 그레이는 육군의 37형 전투복과 아주 비슷한 디자인이지만 색 뿐만이 아니라 세세한 부분에서 차이점이 보인다.
❶양 가슴 부분에 슬기가 들어가 있다. ❷플랩이 붙은 패치포켓(플랩은 감춤 단추식, 포켓은 많이 넣을 수 있도록 플리츠가 들어가 있다), ❸앞여밈은 감춤식 단추로 5개의 단추가 달려 있다, ❹옷단 부분에 재킷을 허리에 밀착시키기 위한 벨트가 달렸다, ❺아래쪽의 옷 단 입구에는 단추 홀이 2군데 뚫려 있어, 바지의 허리 벨트 부분의 단추를 걸면 상의와 일체화 할 수있다, ❻서스펜더 부착 단추(재킷의 허리 벨트 부분의 버튼 홀에 거는 것도 가능), ❼옷단 잠금 태브, ❽바지 원단은 울 데님, ❾앞 단추(감춰진 단추 잠금의 앞부분), ❿플랩이 붙은 슬릿 포켓, ⓫포워드 포켓, ⓬소매입구는 단추 잠금식, ⓭원단은 울 데님(칼라, 소매입구, 옷단 입구에 보강용의 원단이 덮여져 있지만 옷에 안감은 달려있지 않다), ⓮칼라는 제1단추를 풀어서 입을 수 있는 스텐 칼라(칼라의 목구멍은 갈고리 단추로 잠글 수 있도록 되어 있다)

▶ 전투기 파일럿의 장비

❶Mk. Ⅷ 고글을 쓴 C형 플라이트 헬멧(대전 중기부터 후반에 가장 많이 사용된 가죽제 플라이트 헬멧), ❷E형 산소 마스크, ❸1941형 라이프 프리저버(구명조끼), ❹어빈 재킷Irvin jacket, ❺전투복(블루 그레이), ❻1939형 플라이트 부츠, ❼플라이트 글로브

일러스트는 제2차 세계대전 당시 영국 공군의 전투기 파일럿. 1943년 경 유럽 전선에서의 전투 탑승 때의 일반적인 모습이다. 전투기 파일럿들 중에는 대전 초기부터 배틀 오브 브리튼이 끝난 1941년 경까지 서비스 드레스(근무복) 위에 파라슈트 등의 비행 장비를 착용하고 비행근무를 한 사람도 있었지만 대전 중기 이후의 비행근무에서는 길이가 짧고 활동하기 쉬운 블루 그레이를 많이 착용하게 되었다.

1943년은 서부 전선에서는 7월에 미합중국·영국 연합군이 시칠리아 상륙을 개시했고 동부 전선에서는 거의 같은 시기에 쿠르스크 전투가 시작되었으며, 8월에는 소련군이 승리하는 등 전황이 크게 바뀌기 시작한 해였다. 또한 영국 공군이 미 육군 항공대와 연합, 전략폭격체제를 정비하고 독일의 전시경제를 붕괴시키기 위해서 전략폭격이 본격화되기 시작한 시기이기도 했다.

제트 전투기 승무원의 장비

영국 공군은 유명하지만 그 전투/공격기 파일럿의 비행 장비에 대해서는 그리 잘 알려지지 않은 인상이 강하다. 장비에 요구되는 기능은 세계 어디를 가더라도 공통적이겠지만 그 형태는 나라마다 각각의 특색을 나타내고 있다. 영국 공군의 장비는 우리 눈에 많이 익숙할 미군과 비교했을 때 대단히 개성이 강한 편이다.

토네이도 승무원 비행장비 ▶

일러스트는 영국 공군 공격기 전력의 중심인 토네이도 GR.4에 탑승하는 파일럿 및 무장통제사가 착용하는 현용 비행 장비로, 산소마스크나 내G슈트의 호스, 마이크/헤드셋의 코드 플러그를 일체화해서 사출 시트의 옆에 장착하는 개인장비 커넥터 PEC(영국에서는 옛날부터 이 방법을 사용하고 있다), 사이드에 산소공급용 호스를 단 산소 마스크(최근 미군의 산소 마스크도 이런 방식으로 되어있다)등 굉장히 특징적이다.
①Mk.10b 헬멧(케블라제 플라이트 헬멧. P/Q 산소마스크와 함께 사용된다), ②Mk.31 서바이벌 재킷(전투공격기 승무원용), ③서바이벌 재킷 완부 조절 벨트로(소매 길이를 조절하고 사출좌석에서 긴급 탈출 때 상처입지 않도록 팔 부분을 고정하고 구속 장비를 장착한다), ④산소 마스크 호스 접속부, ⑤PEC(개인 장비 커넥터), ⑥기타 벨트, ⑦플라이트 부츠(튼튼한 가죽제로 안전화 같이 발가락 위쪽 부분에 보호용 철판이 들어 있다. 많은 파일럿은 신발에 딱 맞게 두꺼운 양말을 신는다고 한다), ⑧플라이트 슈트 No.14A/B(고내열성의 메타계 아라미드섬유 노멕스로 만들어진 수츠로, 흡습성이 거의 없지만 섬유의 접는 방법을 고안한 것으로 통기성을 높였다. A는 3시즌용, B는 겨울용), ⑨내G슈트 Mk.6(현재 영국 공군에서 사용되는 가장 일반적인 내G슈트, 5기낭식으로 불리는 구조다)

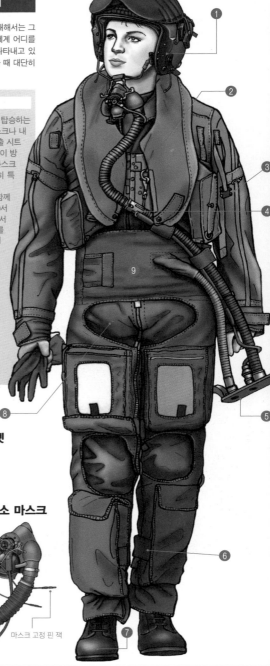

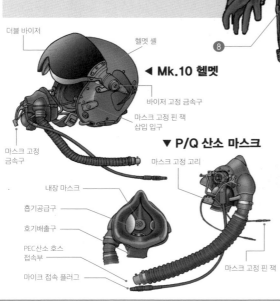

더블 바이저

헬멧 셀

◀ Mk.10 헬멧

바이저 고정 금속구

마스크 고정 핀 잭
삽입 입구

마스크 고정
금속구

▼ P/Q 산소 마스크

마스크 고정 고리

내장 마스크

흡기공급구

호기배출구

PEC산소 호스
접속부

마이크 접속 플러그

마스크 고정 핀 잭

유로파이터 승무원의 장비

유로파이터 타이푼 전투기는 2003년에 운용이 개시된 이래, 독일, 영국, 이탈리아 등 6개국의 공군에서 사용되고 있는 멀티롤 파이터(전투공격기)이다. 탑승하는 파일럿 비행장비는 기본적으로 전 세계 공통이다.

유로파이터 전투기 파일럿 ▶

오른쪽 일러스트는 영국 공군의 파일럿으로 유로파이터 전용으로 개발된 스트라이커 헬멧이 아닌 통상의 영국 공군 제트 전투기 파일럿 용 Mk.10B헬멧을 쓰고 있다.
❶Mk.10B헬멧, ❷P/Q산소 마스크, ❸유로파이터 라이프 세이빙 베스트(구명조끼, ⓐ라이프 프리저버와 서바이벌 도구를 수납한다 ⓑ대형 포켓이 달렸다. 또 산소 마스크 호스와 개인 장비 커넥터 사이를 연결하는 ⓒ접속용 호스가 베스트에 고정되어 있다. 참고로 영국 공군과 독일 공군은 베스트의 고정 위치가 서로 다르다. 베스트 소매 부분은 메쉬로 되어 있으며 사출 좌석을 사용한 긴 급탈출 때 부상을 방지할 수 있도록 자동적으로 팔을 몸 쪽으로 끌어당겨서 고정한다 ⓓ금속구와 ⓔ끈이 달렸다. 서바이벌 도구에는 퍼스트 에이드 킷, 신호탄발사기, 호루라기, 나이프, 발화구, 스트로보 라이트, 서바이벌 라디오 등이 수납돼 있다), ❹PEC(개인 장비 커넥터), ❺플라이트 부츠, ❻내G슈트(내G능력을 향상시킬 수 있는 진화형의 내G슈트EAG. 내부에 수납되어 있는 기낭이 일체화 되면서 원래의 5기낭형에 비해서 효율적으로 하반신을 조일수 있으며 부츠 밑에 신는 내G속스와 조합하여 보다 효율을 높일 수도 있다. 양 무릎부분에는 지도나 서류를 넣는 ⓕ포켓이 달려 있다. 또 하지에 슈트를 피트시키기 위한 조절부 ⓖ지퍼가 정면에 달려 있는 것도 특징적), ❼이머전 프로텍션 가먼트Immersion Protection Grament(파일럿이 차가운 바다 위에서도 긴급 시에 주저없이 비행기에서 탈출해서 생존할 수 있도록 만들어진 방수기능과 보온기능을 아울러 갖춘 플라이트 슈트)

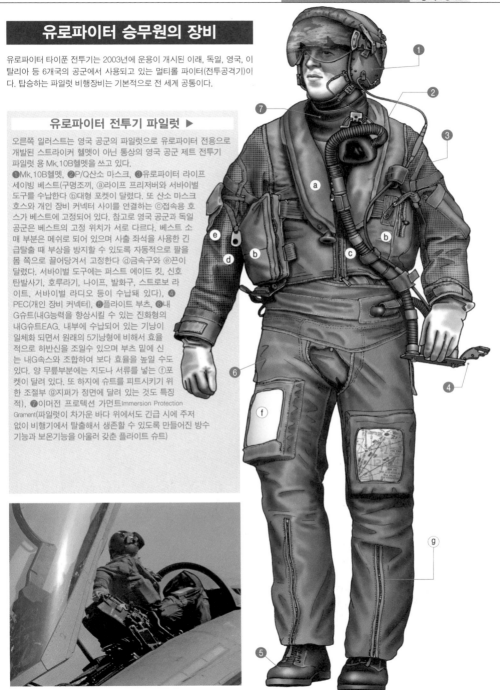

제5세대 전투기 F-35 파일럿의 장비

F-35는 높은 스텔스성과 공중 정보 수집능력을 갖추고 있으며, 네트워크를 통해 조직적인 전투력을 발휘할 수 있는 제5세대 전투기다. 개발의 연기나 비용 상승 등 불안요소를 가지고 있었지만 2011년에는 미합중국 공군에 F-35A(기본형)의 납품이 시작되고 2015년에는 해병대의 F-35B(단거리이륙/수직착륙형)이 초기작전능력을 획득했다고 한다. 개발 파트너로서 도입을 예정하고 있는 나라는 8개국 정도 있는데 그 중의 하나인 영국에서는 F-35B를 공군, 해군 합쳐서 10대 정도를 획득한 상태이며, 일본에서도 F-35A를 선정, 42대의 조달을 예정했다.

최근의 제트전투기는 파일럿의 육체 그 자체도 기체의 성능한계를 결정하는 큰 요소 가운데 하나로, 아무리 비행 성능이 높은 기체여도 인체의 한계 이상의 성능을 발휘할 수는 없다. 때문에 제4.5세대 전투기에 해당하는 유로파이터 타이푼이나 제5세대의 F-22, F-35의 기체의 경우, 전용 파일럿 비행장비가 개발되고 있으며 조금이라도 인체의 한계를 끌어 올릴 수 있도록 노력하고 있다.

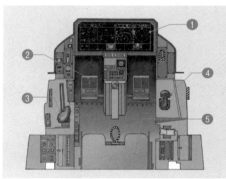

◀ F-35 의 콕피트

현재 가장 선진적인 콕피트를 장비하고 있는 F-35, 계기판에 대형 칼라 액정 디스플레이가 도입되어 있어, 파일럿이 필요로 하는 각종 정보를 표시할 수 있다. 디스플레이는 터치 스크린으로 되어 있어서 메뉴에 접촉하는 것만으로도 정보를 선택할 수 있고 표시된 화면은 교체가 가능하다. 또 헬멧에 들어가 있는 디스플레이 장치를 통해 바이저에 필요한 정보가 투영 된다. 정보는 파일럿이 머리를 돌린 방향으로 투영되기 때문에 HUDHead Up DisplaysMS 폐지되었다. 디스플레이나 바이저에 투영된 정보는 조종간이나 스로틀의 스위치로 선택할 수 있다. ❶대형 칼라 액정 디스플레이(터치 패널 기능이 달림), ❷풋 페달, ❸스로틀(HOTAS*기능이 달부여됨), ❹조종간(가동식 사이드 스틱), ❺사출좌석

미해군의 F-35C 기존 기종 콘솔의 윗부분에 있는 HUD가 없어진 것을 알 수 있다.

　*HOTAS=일체형 조종간 조종간과 스로틀에 여러 가지 스위치를 배치, 조종간과 스로틀에서 손을 떼지 않고도 조작할 수 있다.

F-35 파일럿
(영국 공군 중령)

일러스트는 영국 공군 F-35 파일럿의 장비이지만, 장비 자체는 F-35를 운용하거나 운용 예정인 나라라면 똑같다.

❶F-35 라이트닝Ⅱ용 HMD기능이 달린 헬멧(디스플레이 기능을 넣어도 중량은 1.5kg정도라고 한다. 일러스트는 최신 F-35용 헬멧으로 화상생성장치가 도입되어 있는 부분의 모양과 세부 형상이 초기의 헬멧과 다르다. 바이저가 이중구조로 되어 있어 안쪽은 화상 생성장치의 화상을 투영하는 바이저이고 바깥쪽은 보호용 바이저), ❷라이프 세이빙 베스트(최근에는 보디 아머나 택티컬 베스트가 일반적이다 ⓐ웨빙 테이프를 꿰매 붙여서, ⓑ라이프 프리저버나 서바이벌 도구를 수납하는 ⓒ다목적 파우치가 달려 있다), ❸내G슈트(5기닝식의 내G슈트. 이것을 착용하는 파일럿은 9G의 하중에 15초 정도를 견딜 수 있다. 대퇴부에는 맵 케이스가 달려 있다. 장비 카탈로그에 따르면 9G이상으로 보다 긴 내G능력을 유지 할 수 있는 전기닝식 진화형 G슈트도 사용될 예정이라고 한다), ❹플라이트 부츠, ❺개인장비 커넥터(산소 마스크로의 ⓓ산소 공급용 호스. 헬멧 내장의 헤드 셋과 산소 마스크 내장의 ⓔ마이크 코드, 내G슈트를 팽창시키기 위한 ⓕ공기공급용 호스가 합쳐져서 기체에 탑승했을 때 이젝션 시트에 설치된 커넥터 접속부에 장착하는 것만으로 기능하게 돼 있다), ❻플라이트 슈트(고내열성의 메타게 아라미드섬유로 만들어져서 몇 십초이긴 하지만 약 370도의 고열을 견딜 수 있다. 이것으로 파일럿이 기체에서 탈출하는 시간을 벌 수 있다), ❼산소 마스크

▼ F-35용 헬멧(초기형)

F-35의 파일럿이 사용하는 헬멧에는 설계단계부터 HMDS (헬멧 탑재형 디스 플레이 시스템)의 도입을 고려한 것이 독특하다. 헬멧에 디스플레이장치(정보를 투사하기 위한 LED나 콘덴서 렌즈로 구성된 화상생성 장치와 특수한 코팅이 된 화상투영장치로 구성된 시스템)이 들어가 있다. 이것으로 기체의 각종 센서, 전자기기류가 취득한 정보를 통합해서 바이저로 볼 수 있다. 오프 보어사이트Off Boresight* 조준능력도 있으며 야간비행 때 적외선 암시장치의 영상도 비춘다.

독일 공군

1910년에 창설된 제국육군항공대로 시작한 독일 공군은 제1차, 제2차 세계대전에서 선전하고 많은 에이스 파일럿을 배출했다. 제2차 세계대전에서 패전한 뒤, 동서분할, 재통일이라는 국가체제의 격변 때마다 재편을 반복, 현재는 독일 연방공화국 공군*(연방 공군)이 됐다.

[왼쪽]영관 이상의 정모 차양에는 떡갈나무 잎을 조합한 자수모양이 달려 있다. 사진은 소령.
[오른쪽]독일 연방 공군의 정복을 착용한 대위. 대위 계급을 나타내는 금장과 견장을 부착하고 있다. 이 푸른색 제복 상하는 장교, 부사관·병 공통으로 성별에 따라 여밈이나 디자인이 약간 다르다(색은 다르지만 기본 디자인은 육군과 같다). 오른쪽 가슴에는 병과휘장을 부착한 모습.

독일 국방군 공군의 계급장(1935~1945년)

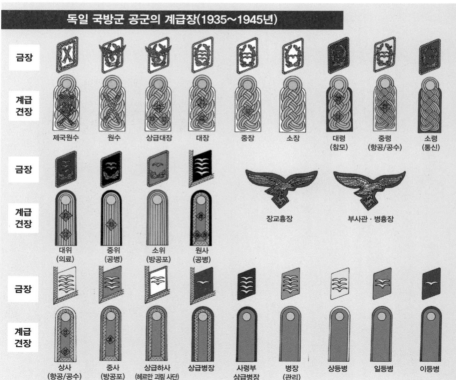

	금장	계급견장		금장	계급견장		금장	계급견장
제국원수	원수	상급대장	대장	중장	소장	대령(참모)	중령(항공/공수)	소령(통신)

대위(의료) · 중위(공병) · 소위(방공포) · 원사(공병) · 장교흉장 · 부사관·병흉장

상사(항공/공수) · 중사(방공포) · 상급하사(헤르만 괴링 사단) · 상급병장 · 사령부 상급병장 · 병장(관리) · 상등병 · 일등병 · 이등병

*공군Luftwaffe= 제2차 세계대전 당시는 독일 국방군의 공군. 현재는 독일 연방군 공군이다

독일 연방 공군의 계급장(전투복용 약장)

대장	중장	소장	준장	대령	중령	소령

| 상급대위 | 대위 | 중위 | 소위 | 상사 (사관후보생) | 중사 (사관후보생) | 하사 (사관후보생) |

| 상급원사 | 원사 | 상사 | 상급중사 | 중사 | 상급하사 | 하사 |

▼정복용 계급장

▼금장

| 상급병장 | 병장 | 상급상병 | 상등병 | 일등병 | 항공병 (이등병) | 공통 | 소령 |

제2차 세계대전 당시, 독일 공군의 복장은 통상군장, 비행 블라우스, 하계제복, 오버코트, 야외복, 케이프, 항공장비의 7개로 분류되어 있었다. 일러스트는 통상군장을 착용한 공군 대령. 통상군장은 블루 그레이의 상하로 디자인은 기본적으로 공통이지만 장교는 개버딘제, 부사관·병은 울이나 레이온의 혼방을 사용하는 등 재질에 차이가 있었고 이는 품질의 차이로도 이어졌다. 상의는 오픈식으로 앞여밈 단추가 한 줄인 4개의 은 단추, 4개의 플랩이 달린 패치 포켓이 달린 재킷. 위쪽 칼라에 장교는 은, 장관은 금, 부사관·병은 병과색의 접단이 들어가 있었다. 상착에는 계급을 나타내는 금장과 계급견장을 달았다(금장의 바탕색과 계급견장의 접단 색은 병과를 나타낸다). 왼쪽 가슴 밑에는 자격 휘장. 일러스트에는 항공기 조종 자격의 취득자를 나타내는 파일럿 휘장을 달고 있다.

▼독일 공군의 제복

금장 / 계급견장 / 흉장 / 파일럿 휘장

▼공수휘장

▼파일럿 휘장

독일 연방 공군 파일럿

현재 독일 연방 공군에서는 주력전투기로 유로파이터 타이푼을 보유하고 있는데, 그 총수는 약 150대. 멀티 롤 파이터로서 6개국의 공군에서 운용되는 이 비행기의 파일럿용 장비는 기본적으로 똑같지만 세세한 부분에서 조금씩 차이가 있으며, 사용하는 헬멧이나 산소 마스크의 접속법 등에 각국의 특징이 나타난다.

HGU-55/P 헬멧을 착용한 파일럿 ▶

오른쪽 일러스트는 독일 공군의 유로파이터 타이푼의 파일럿. 유로파이터 타이푼용의 스트라이커 헬멧이 아닌, HGU-55/P헬멧을 착용하고 있다. 독일 연방 공군은 2004년부터 유로파이터 타이푼을 운용하기 시작했다.
❶HGU-55/P헬멧, ❷MBU-20 산소 마스크(내G 시스템 ACS가 달려 있다), ❸유로파이터 라이프 세이빙 베스트, ❹내G슈트, ❺플라이트 부츠, ❻ 개인 장비 커넥터

[위] 유로파이터 파일럿의 현용 헬멧. 젠텍스 사의 HGU/55P 컴뱃 에지 헬멧을 베이스로 하고 있지만 바이저의 부착 방식이나 산소 마스크를 고정하는 ⓐ바요네트나 ⓑ리시버의 모양이 독특하게 돼 있다. 미합중국 공군의 컴뱃 에지와 같은 내G 시스템 ACS(에어 컴뱃 시스템)을 헬멧에 장착한 것이 특징. 컴뱃 에지와 다른 것은 산소 마스크 호스에서 분기 된 ⓒ산소공급용 호스가 헬멧의 왼쪽 ⓓ바요네트 리시버 밑에 접속돼 있어서, 큰 하중이 들어갔을 때 뇌내 혈류를 유지하기 위해서 산소를 주입, 헬멧 안에 설치된 기낭을 팽창시킨다.

◀ 스트라이커 헬멧을 착용한 파일럿

왼쪽 일러스트는 HGU-55/P 헬멧에서 바뀐 스트라이커 헬멧을 쓴 독일 공군의 여성 파일럿.
❶스트라이커 헬멧(헬멧 장착형 표시 시스템의 기능이 달려 있다. ⓐ는 파일럿의 시야가 넓어 지도式 화상투영장치 표시 내용을 보정한 바이저에 투영하기 위한 렌즈. 2014년에는 완전 디지털화 된 스트라이커 II 헬멧이 개발 됐지만 아직 채용한 국가는 없는 것 같다), ❷산소 마스크(ACS는 달려있지 않다. 산소 마스크의 ⓑ호스가 왼쪽 옆으로 뻗어서 ⓒ베스트 부분에 고정 되어 있는 것은 고기동으로 높은 G가 걸렸을 때 마스크가 아래쪽으로 당겨져 빠지는 것을 방지하기 위해서이다), ❸유로파이터 라이프 세이빙 베스트, ❹내G슈트(내G슈트EAG), ❺플라이트 부츠, ❻개인장비 커넥터(ⓓ산소 마스크용 분관, ⓔ내G슈트용 분관, ⓕ마이크 및 헤드셋용 코드 접속부)

[위] HMSS(헬멧 장착형 심벌릭 시스템)을 넣은 스트라이커 헬멧(헬멧 장착형 표시 시스템과 같은 기능을 가진다). 유로파이터 전투기용에 BAE시스템즈에서 개발한 것으로 HUD(헤드 업 디스플레이)에 표시된 정보를 헬멧의 바이저(파일럿이 향하고 있는 방향)에 투영하며, HUD와 같은 래스터 스캔 방식(TV와 마찬가지로 무수한 평행선으로 그려진 화상을 표시)이기에 적외선화상의 표시도 가능하다. 헬멧 후두부의 여러 돌기는 발광 다이오드. 파일럿의 머리 움직임을 콕피트 안의 센서로 감지하는 것으로 파일럿이 향하고 있는 방향을 기준(정면)으로 정보가 바이저에 표시되도록 되어 있으며 오프 보어사이트 조준 기능도 갖춰져 있다.
[아래] 라이프 세이빙 베스트와 수납돼 있는 각종 서바이벌 도구. ①퍼스트 에이드 키트, ②플레어 펜 런처(신호탄발사기), ③호루라기, ④나이프, ⑤발화구, ⑥스트로브 라이트, ⑦ELT MR-509서바이벌 라디오. 각 툴은 분실되지 않도록 끈으로 베스트에 연결돼 있다.

전 세계 어디라도 타격 가능한 세계 최대 공군
미합중국 공군

미합중국 공군은 1947년에 미합중국 육군에서 독립한 군조직으로 육군이나 해군에 비해 역사가 짧다. 현재는 한 개 또는 복수의 항공군으로 구성된 10개의 군단을 조직, 그 산하에 7,000대 이상의 항공기를 보유하고 있으며, 약 30만 명의 현역 장병에 더하여 예비역도 약 7만 명으로 세계 최대의 공군이라 할 수 있다. 또한 단순히 항공작전 뿐 아니라 GPS위성이나 조기경계위성 등을 운용, 우주공간에서도 작전을 수행하고 있다.

보유한 병기도 각종 항공기에서 탄도 미사일, 로켓 등으로 다양하다. 장병들의 피복이나 장비도 가지각색으로 위장전투복 ABU를 시작으로 독자적인 것을 사용하고 있지만 한편으로 기능과 비용 관점에서 일부 파일럿 장비 등은 육·해군과 같은 것을 채용하고 있기도 하다.

사진은 미합중국 공군의 소장. 제복의 왼쪽 가슴에는 박스 포켓이 달려서 그 위에 약장, 파일럿 배지 등의 각종 휘장을 부착한다. 박스 포켓 밑(약장 밑)에 달려 있는 것은 공군 본부의 배지로 본부 참모 등의 임무에 종사하고 있는 사람이 부착한다. 공군의 제복은 에어 포스 블루 재킷과 슬랙스, 정모, 검정 가죽의 단화로 구성되며, 재킷 아래에는 흰색 와이셔츠와 검정 타이를 착용한다. 재킷은 노치트 라펠에 단추가 한줄이다. 왼쪽 가슴에는 박스 포켓, 양 허리 부분에 플랩이 달리 슬릿 포켓이 있다. 또 장교는 양팔에 검정 장식 띠를 달고 숄더 스트랩에 계급장을 부착한다(부사관·병은 팔에 계급장을 단다). 정모 차양에 은색의 장식 자수가 들어간 것은 소령 이상으로 장관은 자수 장식이 더 크다.

116

미합중국 공군 치안부대(시큐리티 포스)의 여성병사. 왼쪽 팔에는 공군상등병의 계급장을 달고 있다. 착용하고 있는 것은 2007년부터 채용 된 디지털 타이거 패턴의 위장전투복 ABU(에어맨 배틀 유니폼). ABU 위에 착용하고 있는 플레이트 캐리어나 파우치류도 ABU 무늬로 돼 있다. 치안부대는 공군의 헌병대와 치안 유지부대가 통합된 것으로 공군기지의 경찰업무에서 기지경비, 폭동진압 등의 임무까지 맡는다.

미합중국 공군의 각종 휘장

시니어 및 마스터는 기준 비행시간과 기술을 가진 사람에게 수여된다

파일럿 배지(공군조종사자격장)

항공기승무원배지(장교)

시니어 파일럿 배지

항공군의관 배지

마스터 파일럿 배지

마스터 항공 군의관 배지

항법사 · 전투시스템 장교 배지

리모트 컨트롤기 조종사 배지

항공기 승무원 배지(하사관/병)

에어 배틀 매니저 배지
(AWACS*나JSTARS*등에 탑승하여 시스템을 조작하는 장교)

법무관

폭탄처리자격배지
(폭발물처리 훈련을 받고 일정 기술수준에 이른 사람)

우주비행사 배지

센서 오퍼레이터 배지
(로드마스터*나 항공기관사 등의 각종 미션 스페셜리스트)

스쿠버 다이빙 배지
(잠수사의 자격을 가진 사람)

파라슈트 강하자격장
(파라슈트 강하훈련을 받고 일정의 기술수준에 이른 사람)

프리폴 파라슈트 강하자격장

사이버 스페이스 오퍼레이터 배지
(사이버전 오퍼레이터)

오퍼레이션 서포트
(작전지원) 배지

커맨드 앤 컨트롤
(지휘통제) 배지

웨폰 디렉터 배지
(항공기로의 정보제공이나 관제에 의한 항공작전 지원임무에 종사하는 사람)

인텔리전스 배지
(정보담당관)

파라 레스큐 배지
(파라슈트 구조대원자격장)

기상예보관 배지

항공관제관배지

포스 프로텍션 배지
(공군치안부대)

미사일요원배지

CCT컨트롤러 배지
(전투관제관자격장)

보급 및
연료담당관 배지

메인터넌스 및
물류담당관 배지

교통담당관 배지

홍보담당관 배지

물류관리관 배지

공군에도 여러 가지 병과가 있지만 역시 각종 항공기 조종을 담당하는 파일럿이 으뜸일 것이다. 미합중국 공군의 파일럿들이 착용하는 비행장비는 가혹한 환경에서 임무에 집중하고 살아남을 수 있도록 고안되어 있다.

▼ CV-22 오스프리 승무원의 장비

[오른쪽] 미 합중국 공군 제1특수작전비행단 제8특수작전비행대대 소속 CV-22 파일럿. 이 비행대는 CV-22로 적지내로 침입해서 특수부대원의 잠입/탈출 지원과 자재의 수송을 담당하는 부대. CV-22는 헬리콥터 같이 운용되기 때문에 파일럿이 착용하는 장비도 헬기 승무원과 거의 비슷하다. 착용하고 있는 플라이트 슈트는 OCP위장 전투복 같은 ❶IABDU(항공기 승무원용 전투복), 베스트는 이글사 제품인 ❷AFK방염 모듈 장갑 캐리어 베스트.
[왼쪽 위] HGU-55/P 헬멧과 MBU-20/P 산소 마스크를 착용한 파일럿. ⓐ는 높은 G가 걸렸을 때 헬멧으로 공기를 보내서 내부를 압박하기 위한 호스.
[왼쪽 아래] F-16의 파일럿. ❶CWU-27/P 플라이트 슈트 위에 ❷PCU-15/P 파라슈트 하네스, ❸LPU-9/P 라이프 프리저버, ❹AIR ACE 서바이벌 베스트와 ❺CSU-23/P내G 슈트를 착용하고 있다. AIR ACE는 미합중국 공군의 제트 전투기 파일럿이 사용하는 서바이벌 베스트. 파우치류를 임무나 기호에 맞게 탈부착 가능한 스냅 트랙이라는 부착시스템이 사용되고 있다(ⓐ는 그 레일 부분). CSU-23/P 내G슈트는 F-22의 파일럿이 사용하고 있는 것과 같은 풀 커버리지Full Coverage 타입 내G슈트로 F-16이나 F-15의 파일럿도 사용하게 됐다.

◀ F-22 랩터 전투기 파일럿

990년대 초부터 고기동 시 파일럿의 내G능력을 향상시키기 위해 미합중국 공군이 도입한 것이 컴뱃 에지이다. 내G기능을 가진 헬멧, 내G베스트, 내G슈트 및 각 장비에 공기를 보내기 위한 레귤레이터로 구성되어 있는데, F-22의 파일럿은 내G능력을 보다 향상시키기 위해 좀 더 발전된 전용 장비를 착용하고 있다. 위의 사진은 F-22에 탑승하려는 파일럿, 왼쪽 일러스트는 F-22의 파일럿 장비이다.
❶LPU-9/P라이프 프리저버, ❷CSU-23/P ATAGS베스트(F-22 전용 내G베스트. 내부의 기낭으로 산소를 보내서 흉부를 압박, 혈액이 상반신으로 쏠리는 것을 방지한다. 내G베스트와 내G슈트는 분리되어 있으며 서로 비슷한 소재로 만들어져 있는데 이 둘을 통해 순간적이지만 최대 10G의 가속도를 견딜 수 있다), ❸PCU-15/P 하네스(LPU-9/P라이프 프리저버와 함께 사용한다), ❹CSU-23/P ATAGS 내G슈트(산소 공급용 호스가 오른쪽에 설치되어 있으며 상의와 하의가 일체화된 풀 커버리지 타입), ❺HGU-86/P 헬멧(JHMCS를 장착할 예정이었지만 자기 코팅 문제로 취소되고, 현재는 HGU-55/P가 사용되는 중), ❻MBU-20/P 산소마스크(공군용 마스크. 컴뱃 에지와 같은 기능이 들어가 있다), ❼데이터 전송 카트리지

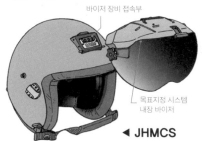

바이저 장비 접속부

목표지정 시스템 내장 바이저

◀ JHMCS

오른쪽 사진은 JHMCS(통합 헬멧 부착식 목표지정 시스템)의 개량형 JHMCS II를 착용한 F-15E의 파일럿. JHMCS II에서는 디스플레이가 CRT(브라운관)에서 액정으로 변경돼서 화면이나 표시가 풀 컬러화 돼 있다. 또 전자 기기의 성능향상으로 부품수가 줄어 중량이 경감되었고 제조 비용도 줄어들었다.

비행기가 주로 비행하는 대류권과 성층권의 하층부분은 기온이나 기압이 크게 변화하는 혹독한 환경이다. 맨몸으로는 정해진 고도까지 밖에 비행하지 못한다. 표준대기(ICAO*의 국제표준대기)에서는 대류권 고도 0m에서 15℃라면 고도 1,000m에서는 8.5℃, 10,000m에서는 −50℃가 된다. 결국 평균 100m상승할 때마다 약 0.65℃씩 온도가 내려가는 것이다. 그렇지 않아도 군용기, 특히 전투기의 승무원은 피로감이 높은데, 이런 환경에서 신체를 보호하는 장치나 장비 없이는 항공기의 조종이 불가능하다. 따라서 미 육군항공대와 그 후신인 공군에서는 방한용 플라이트 재킷의 개발에 노력해 왔다.

미 육군 / 공군 역대 플라이트 재킷

▼ A-2
(제2차 세계대전 당시 미 육군 항공대에서 사용한 가죽제 플라이트 재킷. 1988년에 부활해서 공군에서도 사용되고 있다)

B-3S ▶
(제2차 세계대전 중. 미육군항공대의 항공기 승무원들이 사용한 헤비존Heavy zone. 영하 10~30도의 극한지용 가죽제 플라이트 재킷. 소재는 양가죽이며 안감은 양의 모피)

▼ N-3B
(길이가 긴 극한지용 나일론제 플라이트 재킷으로 N-3, -3A, -3B가 있다. -3B부터 지상용 유니폼이 된다)

▲ N-2B
(-10~-30℃의 헤비존 대응의 나일론제 플라이트 재킷)

B-15 ▶
(1944년에 채용된 B-15는, 15 및 15A는 겉감으로 코튼, 15B~D는 나일론을 사용했다)

미 육군항공대 폭격기 승무원 장비 ▶

일러스트는 B-17폭격기에 탑승하는 승무원 비행장비. B-17의 작전고도는 약 7600m정도로 대기온도가 -30℃이나 된다. 그 때문에 방한용 재킷이나 바지를 착용한 위에 적의 고사포 파편에서 몸을 지키기 위한 헬멧과 아머 베스트를 착용해야만 했다.

❶M3 안티 플랙 헬멧, ❷B-3플라이트 재킷, ❸A-6A비행 부츠, ❹A-11오버 바지, ❺M-6 플라이어스 아머 베스트, ❻A-13A산소 마스크

◀ 미합중국 공군 제트 전투기 파일럿 장비(1950년대)

일러스트는 1950년대 중반, F-86 세이버 전투기의 파일럿 장비. 군용기의 제트화가 시작되면서 여기에 맞춰 파일럿과 승무원 장비가 개발되기 시작되던 단계였기에 레시프로용 장비가 혼재되어 있던 시대였다. 레시프로기 보다 고속으로 비행하는 F-86의 경우, 긴급탈출용으로 사출좌석이 갖추어져 있었지만 지금처럼 낙하산이 시트에 내장되지 않았으며 파일럿은 낙하산을 착용하고 탑승해야만 했다.
❶B-10 낙하산 및 하네스(낙하산과 하네스를 일체화하여 짊어지는 방식), ❷ MA-1 플라이트 재킷(1950년대부터 30년 이상 걸쳐서 개량을 거듭하며 사용된 나일론제 재킷. 일러스트는 초기의 에어 포스 블루를 그린 것), ❸ P-1A플라이트 헬멧(미합중국 공군에서 사용한 P시리즈의 헬멧의 하나로 1940년대말부터 50년대에 사용된 헬멧에 바이저가 달려있지 않은 타입. 산소 마스크도 헬멧의 사이드에 부착돼서 스냅으로 고정하는 방식이었다), ❹MS22001 산소마스크, ❺G-3A 내G 슈트, ❻K-2B 플라이트 슈트(1950년대 중기부터 사용된 올리브 그린색 플라이트 슈트. 당시는 난연성 소재 등이 없었기 때문에 소재는 코튼이었다), ❼서바이벌 나이프, ❽B-5 LPU 라이프 프리저버

MA-1 ▶

(1950년대 초두에 개발된 나일론제 플라이트 재킷으로 10~-10℃의 중간대intermedate zone용. 플라이트 재킷의 간판상품)

◀ L-2BS

(나일론제 라이트존용 플라이트 재킷. L-2, -2A, -2B가 있고 한국전쟁에서 1970년대까지 사용됐다)

▼ CWU-36/P

▼ CWU-45/P

(미합중국 전군에서 사용하고 있는 플라이트 재킷. 난연성 소재 노멕스가 사용됐고 승무원의 화재 피해를 최소한으로 억제하도록 만들어졌다. -36/P는 얇은 원단을 사용하는 하계 버전)

항공자위대

일본 항공자위대의 현재 근무복인 상복은 2008년에 대폭 변화된 옷이다. 동복과 제1종 하복 등의 색(겉감의 색)이 짙은 남색으로 바뀐 점이 제일 큰 변화로 옷의 디자인도 세세하게 바뀌었다.

항공자위대에서도 복장에는 상장(동복, 하복제1종, 제2종, 제3종), 예장(제1종 예장 갑/을, 제2종 예장, 통상예장), 작업복장, 갑 무장, 을 무장이 있고 이 같은 옷에는 계급장과 부대장, 직종휘장, 기능보유자임을 나타내는 휘장, 방위기념장 등이 달려 있다.

항공자위대의 제복과 각종 휘장

▼ 상장의 계급장 및 각종 휘장의 부착 방법

간부용 갑 계급장은 양쪽의 숄더 스트랩 부분에 부착한다

부대장은 오른쪽 가슴 포켓 위에 부착한다.

공조사의 정근장은 왼쪽 소매 입구에 부착

공조장 및 공조는 갑 계급장. 그리고 간부후보자 휘장을 양쪽 뒤 칼라 부분에 부착한다(통상, 간부후보자는 공조에 해당하며 일러스트처럼 부착한다)

직무 또는 기능을 증명하기 위한 휘장 및 방위기념장은 왼쪽 가슴 포켓 상부에 부착한다

공사장 및 공사는 왼쪽 가슴 부분에 갑 계급장을 부착한다

준조사 선임식별장은 왼쪽 가슴 포켓의 플리트 부분에 부착한다

※계급장과 각종 휘장의 부착방법은 동복 상의 및 제1종 하복 상의 모두 같다

▶ 여성용 상장 동복(간부)

항공자위대의 상장 ▶

일러스트는 상장 동복을 착용한 여성간부자위관. 동복 및 하복 제1종은 ❶제복 상하. 상의 아래에 타이와 ❷와이셔츠를 착용, ❸단화를 신는다. 상장을 착용할 때는 정모 또는 ❹약모를 쓴다. 약모는 미합중국 공군의 약모와 닮은 모양으로 남녀 똑같지만 약모 왼쪽에 달린 자수제의 모장 크기에서 차이가 있다. 또 간부용 약모에는 은실의 테두리가 달려 있다.

상의는 세미 피크드라펠 칼라에 단추가 한 줄인 재킷. 탈부착식인 숄더 스트랩, 양 가슴에 플랩이 달린 패치 포켓, 양 허리 부분에 플랩이 달린 슬릿 포켓이 달려 있다. 여성용은 남성용과 여밈이 반대로 허리 부분이 조여져 있지만 옷의 기본 디자인은 남녀가 같다. 상장의 겉 원단은 울 100%또는 울과 폴리에스터의 혼방인 캐시미어 도스킨으로 되어 있다. 간부용 상장의 상의 소매 부분에는 검정 장식 띠가 달렸다. 때에는 장관용과 1좌에서 3위까지의 간부용이 있고 띠의 폭이 다르다(장관용은 폭이 넓다). 덧붙여서 여성의 하의에는 슬랙스와 스커트가 있는데 스커트 길이는 옷단이 무릎 밑까지 오는 것이 기준(무릎이 일부 노출되는 것은 괜찮지만 일러스트처럼 무릎이 완전히 나오는 것은 복장용의기준 위반이다).

*짙은 남색=옷의 색은 채광에 따라서 굉장히 짙어 보이거나 보라색처럼 보일 때가 있다.

항공자위대 부대휘장

부대장 부착용 구멍

금속제 날개 모양 대지(뒷면에 장착용의 바늘과 잠금 도구가 달려있다)

부대장은 금속과 칠보를 조합한 것

항공자위관의 소속을 나타내는 것이 부대장으로 상장의 오른쪽 가슴 포켓 위에 착용한다. 금속제의 날개모양 대지 위에 각각의 부대장을 단다. 부대장의 디자인은 항공 총대 및 항공방면대, 항공 혼성단은 모두 밑바탕 색이 다르다. 항공 지원 집단 등 다른 부대는 독자의 디자인으로 돼 있다.

▲항공총대

▲항공지원집단

▲북부항공방면대

▲보급본부 및 보급소

▲중부항공방면대

▲항공개발지원집단

▲서부항공방면대

▲항공교육집단

▲남서항공혼성대

▲장관직할부대 · 기관 및 항공막료감부

직무 또는 기능을 증명하기 위한 휘장

▼항공휘장

《조종사》

《항공사》

(조종사 또는 항공사의 항공종사자 기능증명을 가진 항공자위관이 착용)

▼항공의관휘장

(항공의학에 관한 교육훈련을 수료하고 항공신체검사 및 보건위생 업무에 2년 이상 종사한 의관에 해당하는 항공자위관이 착용)

▼불발탄처리휘장

(불발탄처리 교육훈련을 종류한 사람, 또는 그 사람과 같은 기능을 가진 항공자위관이 착용)

▼고사관제휘장

(지대공유도탄의 관제업무에 종사하는 항공자위관이 착용)

▼항공관제휘장

(국토교통대신이 정한 항공교통관제 기능증명을 가진 항공자위관이 착용)

▼무기관제휘장

(영공이나 주위공역의 레이더 감시 등 경계관제의 업무에 종사하는 항공자위관이 착용)

미군의 영향을 받은 항공복장

항공자위대의 항공기승무원이 항공기에 탑승 할 때 착용하는 것이 항공복장으로 항공복(플라이트 슈트), 항공모(헬멧), 항공화(플라이트 부츠), 항공장갑을 기본으로 해서 탑승하는 기체에 따라서 각종 장비품이 추가된다.

F-2 파일럿의 장비

❶FGH-2개 헬멧(헬멧 브랜드로 유명한 SHOEI제. 강화 플라스틱제인 모체, 하우징, 바이저, 헤드셋 등으로 구성된다. 항공기 승무원용 헬멧은 전투기·연습기·헬리콥터 등이 모두 공통이다. 식별을 위해 하우징부분에 자신의 콜사인을 레터링 해두는 파일럿이 많다), ❷산소 마스크 리시버(산소마스크를 헬멧에 장착해서 착용자의 얼굴에 밀착시킨다), ❸산소 마스크 MO-15(착용자가 숨을 들이 마실 때만 흡기구가 열려서 마스크 내부에 산소가 유입되고, 내쉴 때는 호기구만 열려 마스크 외부로 호기를 배출하는 구조의 디맨드 타입. 이러한 방식의 산소마스크는 호흡에 따라서 산소를 충분히 폐로 공급할 수 있으면서 산소 낭비가 적어지는 이점을 가진다. 산소마스크*를 사용하는 것으로 고도 1만2,000m정도 까지는 고도 3,000m를 비행하는 것과 같은 상태를 유지할 수 있다. 전투기에서는 보통 산소 공급 장치 레귤레이터로 고도에 따라 산소와 공기를 혼합해서 사용하고 있지만 7,000m이상이 되면 100% 산소를 공급할 필요가 있다. 그리고 산소마스크에는 마이크로 달려있어서 이륙 때부터 착용하고 있다), ❹계급장 약장(1등공위), ❺구명조끼 LPU-T1개(칼라 모양의 수납부분에 탄산가스로 팽창하는 목걸이식의 부낭의 기실氣室이 수납되어 있다. 기실은 2중 구조로 돼 있어서 한쪽 기실이 작동되지 않아도 다른 한쪽에서 안정성과 복원성을 얻을 수 있도록 고안돼 있다), ❻캐노피 릴리스(착용하고 있는 토르소 하네스Torso harness와 사출좌석의 파라슈트 하니스의 금속구를 접속·고정한다) ❼산소마스크 호스 커넥터 고정 고리, ❽파우치형 포켓(토르소 하네스에 달려 있어서 서바이벌 툴등을 수납), ❾구명 재킷(구명조끼 LPU-T1개와 토르소 하네스 및 재킷 본체로 구성되어 있다. 재킷에는 4개의 파우치형 포켓과 등부분에 수납 주머니가 있어서 구난·구명장비품을 수납할 수 있다), ❿구명 재킷 고정 고리, ⓫내G복 JG-5A(압축공기를 배급하기 위한 압력조절기로 기체에 걸리는 가속도에 따른 양의 공기가 내G복으로 보내지거나 빠지거나 나한다. 이것에 의해서 가속도에 따른 신체의 영향을 경감한다), ⓬플라이트 부츠(가죽제의 비행용 작업화. 항공화라고도 불린다), ⓭내G복 호스, ⓮레그 스트랩스(토르소 하네스의 구성부분), ⓯레그 스트랩을 고정하는 이젝터 스냅 및 V링, ⓰난연성 섬유를 사용한 항공장갑, ⓱토르소 하네스(구명 재킷에 꿰매져있다), ⓲허리 스트랩을 고정하는 이젝터 스냅, ⓳항공복(내G복은 플라이트 슈트 위에 착용한다. 항공복은 난연성 섬유가 혼방되어 있다), ⓴산소마스크 바요네트(리시버에 꽂아서 산소마스크를 고정하는 금속구), ㉑구명 재킷 후부의 하네스, ㉒등 부분의 수납주머니
ⓐ내G복 포켓
ⓑ내G복 기낭수납부(하지부)
ⓒ내G복 기낭 수납부(대퇴부)
ⓓ내G복 기낭 수납부(복부)

◀전면

*산소마스크를 사용=고도 약 3,000m까지는 저산소증 증세가 나타나지 않지만 그 이상의 고도에서는 산소마스크가 필요.

후면▶

▼ 최신 헬멧과 산소마스크

2013년부터 도입된 F-2전투기 파일럿용 헬멧 HGU-55P/J는 고속비행시의 긴급탈출을 고려했다. 파이버 글라스와 케블라섬유를 사용한 ①모체는 미합중국 공군의 HGU-55/P, 고정식 바이저 하우징을 가진 슬라이드식의 ②스모크 렌즈 바이저는 미 해군의 HGU-68/P를 각각 베이스로 하고 있는 것 같다. 또 HGU-55P/J와 함께 도입된 신형 산소마스크는 미합중국 공군의 MBU-20/P를 베이스로 한 것으로 산소공급 호스의 ③조인트 부분을 측면으로 밀어서 높은 G가 걸렸을 때 부하를 경감하도록 되어 있다. 헬멧에는 무선교신용의 헤드셋이 내장되고 양 사이드에는 산소마스크 리시버가 달렸다. 1G에서 무게가 2kg인 헬멧은 순간적이라도 8G의 가속도가 걸리면 무게가 16kg로 늘어나 목뼈에 부담을 주게 되므로, 헬멧과 마스크는 경량화가 중요하다.

▼ F-2 지원전투기

헬기승무원의 항공복장과 위장 복장

일본 항공자위대에서는 UH-60J 구난 헬리콥터 및 CH-47J 수송 헬리콥터를 운용하고 있다. 이들 헬기 승무원의 장비는 비행복(플라이트 슈트)와 비행화(플라이트 부츠)를 착용한 뒤에 구명조끼를 달고, 비행모(헬멧)을 쓰는 심플한 구조. 전투기 파일럿 같은 내G복이나 산소마스크를 필요로 하지는 않는데, 헬기에는 전투기 같은 긴급 탈출 장치가 없기 때문이다. 기본적으로 헬리콥터 승무원의 장비는 공통이다.

헬리콥터 승무원의 장비

일러스트는 UH-60J의 파일럿(2016년 여름 시점에서는 항공자위대 구난헬기에 여성 파일럿은 없었다).
❶FGH-2개 헬멧(헬기에는 산소 마스크를 사용하지 않는 대신에 리시버에 붐 마이크를 장착하고 있다), ❷산소마스크 리시버(산소마스크는 사용하지 않지만 헬멧에 리시버가 달려있다), ❸계급장 약장(2등 공위), ❹구명조끼 수동전장용 토글(구명조끼의 부낭은 착수 때에 자동적으로 부풀어 오르지만, 수동으로 펼칠 수도 있다), ❺항공복, ❻FWU-5/P 플라이트 부츠(자비로 구입한 플라이트 부츠 등도 사용됐다. 긴급 시에 쉽게 벗을 수 있는 것을 좋아하는 것 같다), ❼구명재킷 고정용 레그 스트랩, ❽구난·구명 장비품을 수납한 구명 재킷 포켓(의료키트, 포대, 발광신호탄, 신호탄발사기와 카트리지, 상어 퇴치 등의 서바이벌 툴을 수납하고 있다), ❾항공장갑, ❿구명재킷(헬기승무원 전용으로 재킷부분에 구명조끼 LPU-P1이 달려 있다. 재킷 부분은 메쉬 원단을 사용, 경량화를 의도했으며 구난·구명 장비품을 수납하는 파우치형 포켓이 여러 개 달려 있다), ⓫산소봄베(헬기에서 긴급 탈출 할 때에는 기체가 착수할 때까지 기다릴 필요가 있지만 한번 착수한 헬리콥터는 너무나 짧은 시간 안에 가라앉아 버린다. 산소봄베를 사용하면 천천히 기체에서 탈출할 수 있다. 봄베의 산소공급은 5분정도), ⓬붐 마이크
ⓐ패치종류를 붙이는 벨크로
ⓑ팔부분 포켓
ⓒ필기용구 고정 밴드
ⓓ펜 포켓
ⓔ부낭 수납부

▼ 구명조끼 LPU-P1

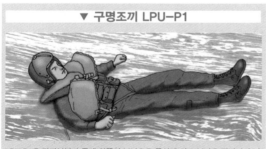

LPU-P1은 칼라부분과 동체 양쪽의 부낭으로 구성돼 있고 부낭은 접혀서 수납 주머니에 넣어져 있다. 착용자가 바다에 빠지면 해수센서가 감지해서 자동적으로 탄산가스를 부낭에 충전시켜 부풀어 오른다. 부낭은 목둘레와 양 겨드랑이 부분의 3개의 파트로 구성되어 있고 바다에 빠진 착용자는 누운 상태로 있으면서 후두부를 포함한 머리가 수면 위로 올라오도록 설계되어 있다.

항공자위대라고 해도 승무원이나 정비사 등 항공기에 직접 관계가 있는 직종만 있는 것은 아니다. 이동통신대, 고사부대, 이동경계부대 등 외에 기지의 관리나 경비, 대원의 식사나 복리 후생, 위생업무를 담당하는 지상부대가 존재한다. 당연히 그런 부대에 소속된 대원의 복장에는 저시인성이 요구된다. 위장을 필요로 할 때에 사용되는 복장을 미채복장(위장복)이라 하며, 항공자위대에는 독자의 위장 패턴을 가진 특수복장이 있다.

◀ 디지털 위장작업복과 방탄조끼 3형

일러스트는 방탄조끼 3형과 신형디지털 위장 작업복을 착용한 항공자위대의 경비 대원(적 게릴라의 기지 침입 및 공격을 방지하는 것이 임무. 이런 경비대는 다른 외국의 공군에도 다 있다). 방탄조끼 3형은 2012년도 예산으로 조달된 제3세대 보디아머로, 방탄조끼 2형과 비슷한 디자인이지만 소재를 보다 경량화시키고 방탄 능력을 높였으며 퀵 릴리스 밴드 위치나 웨빙 테이프(PALS테이프)의 부착 방법 등 여러 가지 개량이 이루어졌다. 육상 자위대에서 조달을 시작했으며 2013년부터는 항공자위대에서도 조달을 시작됐다.

❶방탄조끼 3형, ❷신형 디지털 위장 작업복, ❸9mm 권총(SIG 자우어 P220), ❹88식 철모

위장복을 착용한 기지업무대의 대원. 사진의 위장복은 1988년에 채용된 것으로 미군의 우드 랜드와 비슷한 패턴이지만 독자적 배색으로 되어 있다. 2010년경부터는 디지털 위장 패턴도 등장하고 있다. 위장복장은 위장모, 위장복상·하, 위장덮개, 위장외의(야전상의) 등으로 구성된다.

127

항공기 지원부대의 정비복장

항공기를 안전하게 비행시키고 그 성능을 충분히 끌어낼 수 있도록 하기 위해서는 여러 가지 지원부대가 필요하다. 항공자위대에서는 비행대 정비대로 이를 담당하며, 주요한 업무로는 열선 정비(플라이트 업무)와 지원 정비(독 업무)가 있다. 열선 정비는 비행가기 직전의 항공기의 점검정비 및 돌아온 항공기를 또다시 점검하는 작업을 말한다. 지원 정비는 항공기의 정기점검 같은 작업이다. 이런 업무에 대비한 항공기 정비원이 착용하는 것이 전용 정비 작업복이며, 작업모(식별모), 작업복, 작업화로 구성된다. 현행 전용정비복이 제정된 것은 1995년의 일이다.

◀ 항공기 정비원

일러스트는 정비 보급군 수리대의 항공기 정비원. ❶이어 프로텍터(소음에서 귀를 보호하기 위한 장비. 소음이 큰 에이프런에서 작업하는 정비원에게는 빠질 수 없다), ❷식별모(작업과 통상 근무 시 등에 사용되는 야구모자형 캡으로 부대 마다 디자인된 심볼 마크나 엠블렘이 자수되어 있다. 그 때문에 모자를 보는 것만으로도 착용자가 소속하는 부대를 알 수 있다), ❸작업용 점퍼(작업복 위에 착용하는 방한용의 작업복 외투. 파일럿의 항공복 상의와 비슷하지만 세세한 부분이 다르다), ❹허리 주머니(허리에 차는 툴 벨트. 정비작업에서 사용 한다ⓐ드라이버 등의 공구류, ⓑ정비 매뉴얼 등의 수납주머니, ⓒ비품 수용 주머니, 회중전등 및 수납 주머니 등으로 구성돼 있다), ❺작업복(분리식의 정비복. 동계용과 상의가 반소매인 하계용이 있고 계절과 작업내용에 따라서 분류된다. 항공기의 정비작업에는 항상 화재 위험이 따르기 때문에 난연성 소재가 사용되고 정전기의 발생을 방지하는 가공도 되어 있다), ❻작업화(튼튼한 가죽을 사용하고 발끝 부분은 작업 중에 중량물을 떨어뜨리거나 차량이나 항공기의 바퀴가 밟고 지나가더라도 정비원의 발을 보호할 수 있도록 되어 있다)

[오른쪽] 기체를 정비하는 1등공조. 항공기나 탑재 무기 등의 정비작업을 하는 대원용의 특수복장인 정비복장을 입고 있다. 칼라에는 1등공조의 약장이 달려 있다. 상의 오른쪽 상완부에 달려 있는 것은 2011년의 레드 플래그 알래스카 참가를 기념해서 만들어진 패치. 레드 플래그란 미합중국 공군과 그 군사동맹국 및 우방국의 공군이 참가하는 훈련으로 알래스카 주 엘멘도르프Elmendorf공군기지(또는 네바다주 넬리스 공군기지)에서 개최되는 세계 최대의 공중전 훈련이다.

항공자위대의 계급장

항공자위대의 계급장에는 갑 계급장, 을 계급장, 계급장 약장이 있다.
여기서는 갑 계급장 및 계급장 약장을 들었다.

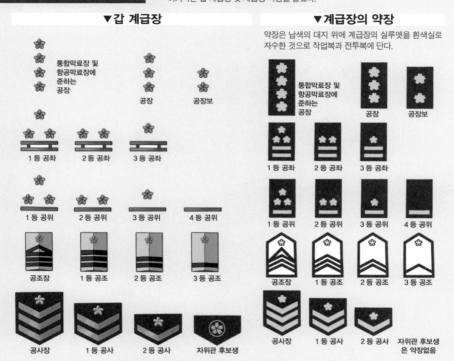

▼갑 계급장

통합막료장 및
항공막료장에
준하는
공장

공장

공장보

1등 공좌

2등 공좌

3등 공좌

1등 공위

2등 공위

3등 공위

4등 공위

공조장

1등 공조

2등 공조

3등 공조

공사장

1등 공사

2등 공사

자위관 후보생

▼계급장의 약장

약장은 남색의 대지 위에 계급장의 실루엣을 흰색실로
자수한 것으로 작업복과 전투복에 단다.

통합막료장 및
항공막료장에
준하는
공장

공장

공장보

1등 공좌

2등 공좌

3등 공좌

1등 공위

2등 공위

3등 공위

4등 공위

공조장

1등 공조

2등 공조

3등 공조

공사장

1등 공사

2등 공사

자위관 후보생
은 약장없음

갑 계급장은 상장의 동복 및 제1종 하복의 상의에 착용하는 계급장. 장관은 은색 벚꽃장의 개수, 1등 공좌에서 3등 공위까지는 은색
벚꽃장과 은색 단형장의 조합이며 준공위는 은색단책장만 있다. 간부 및 준공위는 상의의 양어깨에 부착한다. 공조장에서 3등공조
까지는 금속제 대좌에 은색 벚꽃장과 검정 띠의 구성으로 상의의 양 칼라에 부착한다. 공사장에서 3등공사까지는 남색포제대좌 위에
금속제 은색 벚꽃장과 은실 자수의 곡형장의 조합으로 되어 있고 상의의 왼쪽 소매 상완부에 부착한다. 또을 계급장은 상장의 하복
제2종 및 제3종과 동복의 상의 밑에 입는 와이셔츠의 숄더 스트랩에 부착한다.

◀준조사 선임 식별장

조사의 복무지도체제의 강화, 조사에 관여된
사항에 대한 지휘관 등으로의 보고나 의견구
신에 따른 조직의 활성화, 미군 등과의 교류
활성화를 목적으로 만들어진 제도를 조사능력
활용제도*라하며 항공자위대에서는 준조사선
임이라 불린다. 준조사선임은 배치돼는 부대
등에 따라서 5개로 구분 돼 있고 배치된 준조
사선임은 준조사선임식별장을 부착한다.

항공자위대 준조사 선임은 항공막료감부에,
편합부대 등 준조사 선임은 항공총대, 항공지원집단, 항공방면대 등
의 편합부대에, 편제부대 준조사 선임은 항공단, 항공구난대, 비행
교육단, 항공대등의 편제부대에, 편제단위부대 준조사선임은 비
행군, 항공기상군, 정비보급군, 경계군 등의 편제단위군 부대군에,
편제단위부대 준조사 선임은 비행대 등의 편제단위부대에 각각 배
치된 자이다.

항공자위대 준조사선임
(벚꽃장 4 개)

편합부대 등 준조사 선임
(벚꽃장 3 개)

편제부대 등 준조사 선임
(벚꽃장 2 개)

편제단위 군부대 등 준조사 선임
(벚꽃장 1 개)

편제단위부대 등 준조사 선임
(벚꽃장 없음)

---

*조사능력활용=육상자위대에서는 상급조장제도, 해상자위대에서는 선임오장제도로 불린다

저자 사카모토 아키라 坂本 明
나가노 현 출신, 도쿄 이과 대학 졸업. 잡지 「항공 팬航空ファン」 편집부를 거쳐, 프리랜서 라이터&일러스트레이터로 활약. 메커닉과 테크놀로지에 조예가 깊으며, 일러스트를 구사하는 비주얼 해설로 수많은 밀리터리 팬의 지지를 받고 있다. 저서로는 「도해 첩보 정찰 장비」, 「도해 세계의 미사일·로켓병기」, 「도해 세계의 잠수함」 등이 있으며, 공저로는 「최강! 세계의 미래병기最强! 世界の未来兵器」(각켄 플러스学研プラス)「싸우는 여자! 제복도감戦う女子! 制服図鑑」(쇼덴샤祥伝社) 등 다수가 있다.

역자 진정숙
1979년생. 일본 교린 대학 졸업, 동 대학 대학원 국제문화교류학과 석사학위 취득. 역서로는 「밀리터리 사전」, 「세계의 전함」, 「하야미 라센진의 육해공 대작전」, 「흑기사 이야기」, 「독과 약의 세계사」 등이 있다.

[주요 참고 문헌]
「MILITARY SWORD OF JAPAN 1868-1945」, Richard Fuller/Ron Gregory (ARMS & ARMOUR), 「THE GUARDS : BRITAIN'S HOUSEHOLD DIVISION」, simon Dunston (Windrow & Greene PUBLISHING), 「THE GUARDS-CHANGING OF THE GUARD, TROOPING THE COLOUR, THE REGIMENTS」(Pitkin Guides), 「ミリタリーユニフォーム大図鑑」坂本明 (文林堂), 「戦争案内ぼくは20歳だった」戸井昌造 (晶文社), 「近衛騎兵聯隊写真集」近衛写真集纂委員会編著, 「日本の軍装 1930~1945」中西立太 (大日本絵画)「大日本帝国陸海軍 軍装と装備」(中田商店), 「図説帝国海軍 旧日本海軍完全ガイド」野村実監修/太平洋戦争研究会編著 (翔泳社), 「図説帝国陸軍 旧日本陸軍完全ガイド」野村実監修/太平洋戦争研究会編著 (翔泳社), 「陸海空自衛隊制服図鑑」内藤修·花井健朗編著 (並木書房), 「よみがえる空-RESCUE WINGS 公式ガイドブック 航空自衛隊航空救難団の実力」(ホビージャパン), 「MAMOR」

(扶桑社), 「自衛官服装規則」(平成23年防衛省訓令第42号), 「海上自衛官服装細則」(平成23年4月海上自衛隊通達第11号), 「航空自衛官服装細則」(平成23年3月航空自衛隊通達第12号)

[참고 웹 사이트]
일본 방위성, 자위대, 육상자위대, 해상자위대, 항공자위대, U.S. ARMY, U.S. DoD, U.S NAVY, U.S. AIR FORCE, Ministry of Defence, BRITISH ARMY, ROYAL NAVY, ROYAL AIR FORCE, Ministère de la Défense, Armée de Terre, Bundeswehr

[사진]
일본 육상자위대, 해상자위대, 항공자위대, U.S. AIR FORCE, U.S NAVY, U.S. ARMY, U.S. DoD, Ministry of Defence, , Armée de Terre, Russian Ground Forces, Deutsche Marine

세계의 군복

초판 1쇄 인쇄 2018년 1월 10일
초판 1쇄 발행 2018년 1월 15일

저자 : 사카모토 아키라
번역 : 진정숙
감수 : 이동훈
펴낸이 : 이동섭
편집 : 이민규, 오세찬, 서찬웅
디자인 : 조세연, 백승주
영업·마케팅 : 박래풍, 송정환, 최상영
e-BOOK : 홍인표, 김영빈, 유재학, 최정수
관리 : 이윤미

㈜에이케이커뮤니케이션즈
등록 1996년 7월 9일(제302-1996-00026호)
주소 : 04002 서울 마포구 동교로 17안길 28, 2층
TEL : 02-702-7963~5 FAX : 02-702-7988
http://www.amusementkorea.co.kr

ISBN 979-11-274-1257-9 03390

이 도서의 국립중앙도서관 출판예정도서목록(CIP)은
서지정보유통지원시스템 홈페이지(http://seoji.nl.go.kr)와
국가자료공동목록시스템(http://www.nl.go.kr/kolisnet)에서 이용하실 수 있습니다.
(CIP제어번호: CIP2017035026)
*잘못된 책은 구입한 곳에서 무료로 바꿔드립니다